可以有脾气

KE YI YOU PI QI

不能没本事

BU NENG MEI BEN SHI

慧闻/著

民主与建设出版社
Democracy & Construction Publishing House

图书在版编目（CIP）数据

可以有脾气　不能没本事/慧闻著.--北京：民
主与建设出版社，2016.7（2016.12重印）

ISBN 978-7-5139-1127-6

Ⅰ.①可… Ⅱ.①慧… Ⅲ.①情绪－自我控制－通俗

读物 Ⅳ.①B842.6-49

中国版本图书馆CIP数据核字(2016)第124173号

出 版 人： 许久文

责任编辑： 李保华

整体设计： 曹　敏

出版发行： 民主与建设出版社有限责任公司

电　　话： (010)59419778　　59417745

社　　址： 北京市朝阳区阜通东大街融科望京中心B座601室

邮　　编： 100102

印　　刷： 廊坊市华北石油华星印务有限公司

版　　次： 2016年8月第1版　2016年12月第2次印刷

开　　本： 32

印　　张： 8

书　　号： ISBN 978-7-5139-1127-6

定　　价： 32.00元

注： 如有印、装质量问题，请与出版社联系。

前 言

Preface

人有"七情六欲",喜、怒、忧、思、悲、恐、惊。是人,谁没有一点脾气?

人活一世,不可能一帆风顺,总会遇到一些让我们感到既烦恼又生气的事情。人际的纠纷,工作的压力,晋升的失败,生活的烦恼,梦想的失落,奋斗的挫折,人生的不公,时不时在冲击着我们的内心,引发我们情绪的波动,让我们想生气,想发脾气。

如果脾气长期郁积于心,会对自己的身心不利,引发焦虑症、忧郁症等,适当发点脾气可以宣泄心中的烦恼不快,排除心灵的毒素,有益于身心。然而物极必反,发脾气也得有个限度,不加限制地随意发脾气,就会给人生造成一系列的危害。发一次脾气可能无关紧要,发数次脾气则会贻误一生。

脾气太大伤害心情,让你情绪失控。脾气太大有损健康,消耗你的体力。脾气太大损害形象,让你的气场变暗。脾气太大损害和气,妨碍人际关系。脾气太大影响思路,降低工作效率。脾气太大使事情变坏,丧失成功机遇……坏脾气让我们的人生之路布满荆棘,让我们的生活天空时常阴云密布。

脾气太大除了伤人伤己外,没有任何助益。人生在世,福气就像是一张信用卡，每发一次脾气，就刷了一次卡。若是不能控制自己，无节制地刷卡，总有刷爆的那一天。坏脾气是幸福的毒药，是人生的大敌，是成功的拦路虎。当你想发脾气时，一定要先冷静想一想：我这样发脾气能解决问题吗？会造成什么后果？

脾气不仅是一个人秉性的体现，更反映了一个人与人相处的情商高低、掌握自我命运的能力强弱。人有点脾气很正常，但只知发脾气的人就会成为脾气的奴隶。发脾气于事无补，只会证明你自己无能。你可以有点脾气，但不能没有本事。一个没有脾气的人是庸人，一个只会发脾气的人是蠢人，一个能够控制自己的脾气、做到少发脾气以至不发脾气的人是聪明人，一个化脾气为动力、努力提高自己能力和本事的人是智慧的人。

与其抱怨，不如改变。与其赌气，不如努力。

与其生气，不如争气。与其斗气，不如斗志。

与其发火气，不如学本领。与其发脾气，不如长本事。

如果能做到不跟自己过不去，不跟朋友怄气，不跟家人赌气，不跟对手斗气，那么人际关系必定和谐美好。

如果能做到平心静气、宽容大气、乐观谦和，那么身体必定健康长寿，心境必定舒适泰然，性情也必定高尚、纯净。

如果能做到抓住运气，增长志气，鼓足勇气，发挥才气，那么成功之路必定会畅通无阻。

本书为你揭开了脾气的面纱，细致深入地剖析了脾气的正反两面性，让人深入内心，走近自我，直面和认识自己的情绪与脾气。同时教给你战胜情绪、掌握脾气的秘诀，将脾气中的负面能量转化为正面能量，回归平静，扩大心胸，历练技能，增长本事，从容地面对生活，迎接机遇与挑战，刷新人生轨迹，开创成熟亮丽的成功人生。

目 录

Contents

Part03　发脾气是本能，掌控脾气是本事

Part04　你的脾气要配得上你的本事

Part05 一个人要有把生活过淡的本事

Part06 改变世界很难，改变自己很容易

Part07 心高气傲是小本事，谦逊和气是大本事

Part08 欲成一等的大事，须有一等的气量

Part11 化脾气为本事，你若精彩天自安排

Part01
可以有脾气，不能太有脾气

♡ 是人，谁没有一点脾气

　　认知心理学中有一个关于脾气的理论，叫挫折—攻击理论，也就是说人的脾气攻击行为来自于生活中遇到的挫折。这个理论是根据心理学上一个比较经典的实验得出来的。

　　在实验中，研究人员以实验控制法随机地给予笼子中的白老鼠电击，施以挫折经验，之后详细地观察并记录白老鼠的行为表现，发现原先老鼠的生态行为有了极大的转变，老鼠的性情变得急躁，睡眠时间减少，哄抢食物，活动量变得十分大，老鼠彼此互咬的几率大大提高。根据这个实验，研究人员得出结论，在遇到挫折、期望落空、生活变故、失败的处境下，人的性情也会变得较为急躁、容易产生脾气、爱发脾气，以至攻击错误的对象。当然，白老鼠不是人，不能把从白老鼠身上得到的实验结果推广到人的身上，但在现实生活中，不可否认的是人的脾气有很大一部分来源于对生活的不满及挫折。

　　事实上，从另一个角度来讲，脾气也有其存在的必要性。

　　心理分析学家弗洛伊德认为脾气源自于个体的潜意识，而形成潜意识最原始的资料来自于婴儿的早期生活经验。婴儿早期生活经验的形成离不开父母亲正确的养育，尤其是母亲。弗洛伊德认为婴儿从出生开始就面对两种冲突经验的困扰，好的经验和不好的经验。好的经验源自于母亲爱的哺育、温暖的身体接触，于是婴儿获得了满足，产生了愉快的感觉经验；如果婴儿感受到母亲的脾气或不满，或感受到饥饿、尿湿、冰冷和冷漠的不好感觉，那么它们就会转化成脾气的基础。

心理分析认为，只要父母能正常满足婴儿的需求，婴儿便有能力以"健康的抗议"来面对一些不好的经验，如延迟的喂养、尿不湿的更换或者冰冷的婴儿床等。父母亲如果接受孩子的抗议，婴儿就会将好的父母影像长时间留在心中，相对地也可以忍受生活中不可避免的因挫折而产生的脾气。

坏脾气是不好的经验，但若能遇到好的包容者，如童年时期的父母、成长时期的老师、成年期的自己，他们接纳这些负面的经验，并且允许它们的存在以及表达，他们就能从这种包容的历程中，领会生活的真谛，从而协调矛盾存在的本质。

脾气表达了一个人压抑在潜意识中的不愉悦经验。如遇到无法应对的挫折时，人们只能将其转向自己，衍变为脾气。独吞脾气的苦果只会让自己更加受伤，所以人天生拥有的防御机制迫使他们把负面的情绪洒向他人，来保护自己，尤其是那些弱势群体，更容易成为受伤害的对象。

每一个发脾气的人都会为自己寻找最合适的理由，实际上这也是保护自己的一种手段。然而，很多时候我们在保护自己的同时却伤害了别人，有时是小伤，有时是大伤。不管是大是小，伤害都已经造成。习惯为自己找理由找借口的人，往往遮蔽了双眼，看不清原来别人也在哭泣，而且还是自己弄哭的。他们把自己的怒气指向他人，或者带着脾气工作、学习、生活的人，习惯一味地认为自己受伤最重。

发脾气的人，习惯认为一切都是他人的错，是他人的错误导致了自己的愤怒。那些动怒发脾气的人总能为自己找到合适的理由。

♥ 脾气不可以长期积压

脾气（当然，这里指的都是一些坏情绪）是不可以长期积压的。弗洛伊德发现，在心理治疗过程中，凡是病人能够得到较好精神疏泄时，病情都会有明显的好转。

所以，弗洛伊德认为，只有把这些积郁的东西"净化"后，才会收到较好疗效。

在现实生活中，我们也会看到有些心胸开阔、性情爽朗的人，他们心直口快把自己的不愉快情绪或心中的烦闷诉说出来。这种人的心理矛盾能获得及时解决。

可是我们也常看到有些心胸狭窄的人，爱生气，心中闷闷不乐，由于心理冲突长期得不到解决而产生心理疾病。

一般说来，把脾气发泄出来比让它积郁在心里要好。

哈坎松1969年的一项研究成果显示，人发怒时，血压会迅速升高，而当他通过各种方式，如大喊大叫、嚎啕痛哭或采取报复行动将怒气发泄出来时，血压又会很快恢复正常。相反，倘若他们将怒气强压下去，那么，他们的血压则需要相当长的时间才能恢复到正常水平。此外，让怒气积郁在心中对心脏的健康尤其不利，是诱发冠心病的主要原因之一。

以上只是指出一个事实而已，它并不意味着我们在同别人发生冲突时应该凭感情行事，毫无顾忌地对别人采取攻击行动。心理学家认为，一个人的身体状态是受其心理和精神状态所影响的，大约有一半以上的疾病是由心理和精神方面引起的，因此，掌握心理平衡对人的健康是非常重要的。

从心理健康的角度来看，长期积压怒气会影响身心健康，怒气长时间得不到排解就可能积郁成疾。

喜怒哀乐本是人之常情，没有理由强迫自己控制情绪而忽视甚至是否定自己的感受。许多心理专家鼓励人们自然宣泄情绪，有气就发出来，不要闷在心里。但随便乱发脾气毕竟是损人不利己的行为，所以，每个人最好了解自己的情绪，寻找适当的宣泄方式，关键在于找准渠道。

哭是人类的一种本能，是人的不愉快情绪的直接外在流露。现实生活中除了过度激动外，哭总是由不愉快引起的。因此从医学角度讲，短时间内的痛哭是释放不良情绪的最好方法，是心理保健的有效措施。

因为人在情感激动时流出的泪会产生高浓度的蛋白质，它可以减轻乃至消除人的压抑情绪。

♥ 适当发点脾气有益身心

发脾气通常没有好结果，对脾气要加以掌控调节，那么，掌控脾气就意味着不动感情，没有喜怒哀乐吗？有句老话，小不忍则乱大谋。一般人心中，忍耐与自控是成熟的标志。但是一味的强忍，绝对不是解决问题的最好方法。当消费者大骂不法商贩时，人们却痛快地觉得情绪得到了宣泄和解放。所以，有时候，不控制情绪、发点脾气也是需要的、健康的，现代社会也在宽容着宣泄、谅解着压力。有时候该生气时敢生气，在现代社会也博得了人们的认同。

每一种情绪都有它存在的价值，只要情绪不是"过度控制"或"失去控制"，都会对我们有所帮助。譬如你看见了一朵美丽的鲜花，如果你真的不动情(欣赏、赞美)，那人们会很怀疑你生命的意义，你不能为美所打动，还能为什么而感动呢？要是有人欺负你，倘若你并没有适度地表现出生气的情绪，无疑是在鼓励对方继续欺负你；如果你考上了大学，也不动情，不能感到快乐，那么除了心已老又能有什么解释呢？

很多抑郁症的患者最显著的症状是情感淡漠，脑海里一点波澜也没有。生活本是丰富多彩、汹涌澎湃的海洋，热爱生命者属于能进入这海洋游泳扬帆的一类人。古时楚国曾有一位太子整天躺在床上，死水般消沉，对什么都不感兴趣。有人对他进行心理治疗，一再激发他投入生活海洋的兴趣，终于成功，治好了太子的病。愤怒一般被说成是一种不好的情绪，其实也不绝对。宋元时期的名医张子和善于使病人愤怒，运用"怒可胜思"的原理治病，获得奇效。这说明，只要运用得当，"七情六欲"都可使身心得益，使生活增辉。

对于正向脾气，通常我们共同面临的问题是正向的情绪持续过短，而不是"过长"。我们的文化向来是比较抑制正向情绪的，从一些常见的成语就可以略窥一二，譬如"乐极生悲""生于忧患，死于安乐""好景不常在"，这些观念在潜移默化中使得我们正向的情绪容易短命或夭折，可是努力奋斗却不能心安理得地享受快乐，不是挺奇怪吗？好像让自己正向的情绪持续得久一点，是不应该的，对别人有亏欠似的。长期抑制正向情绪的结果不仅是快乐的感受变少了，最后还会连怎么快乐都有困难。

让愉悦的情绪维持久一点，让不愉悦的情绪转变快一点，这才是真正的宣泄脾气之道。不必时刻准备控制着自己的脾气，该快乐的时候不要压抑快乐，该发脾气的时候也不是非要克制怒火，别怕自己出现情绪变化。丰富的情绪变化也许是上帝给人类的一种赏赐，如此，我们才能充分享受到多姿多彩的人生。

宣泄脾气的一个确切含义是：善于激发积极情绪和适时、适当地释放不良情绪。

一般而言，新鲜的环境对人总是有吸引力的。因此，在情绪不佳的情况下，可以尝试通过布置环境来达到创设良好心境的目的。有的人改变居室的布置，有的人放音乐，有的人养花种草，这些都是改变环境的有效措施，对于脾气的调节能够有一定的帮助。

在现实生活中，我们总会遭遇到挫折和失败，情绪的平衡因此也会受到破坏，假如把什么都闷在心里，久而久之难免会得忧郁症。其实，合理宣泄能疏导我们心中的怨气，能让我们尽快地走出阴影，轻松愉快地过好每一天。

♡ 你是个"脾气大王"吗

小张是家中的独生子，有个不好的习惯，动不动就爱发脾气。只要稍有不顺心的事，他就很难控制自己的情绪，总要拿哪个人或哪件东西来出出气。他上班迟到受批评，回家后拿母亲出气，怪母亲没有早一点儿叫他起床；在单位值日时打扫卫生，地扫得不干净，他怪扫帚破了不好扫，因此拿扫帚发脾气；业绩不理想时，他生上司的气，说上司没能力将他带好，弄得他得不到满意的奖金；走路摔跤他还生路的气，怪路坑坑洼洼不平坦……总而言之，小张就是喜欢发脾气。而且，他发脾气还有个特点，那就是怪别人不好，怪东西不中用，因而总要骂人、摔东西，把他们当成"出气筒"。为此，身边的人给他取了外号——"脾气大王"。

发脾气是个人的欲求和意图遭到妨碍时产生的一种消极情绪体验。许多人由于情绪的自我调控能力较差，冲动性较为明显，因此常常在不该发脾气的时候发脾气，因为一点儿小事就会打起来，因为别人的某些做法不够合理而冲他们大喊大叫……

在日常生活中，引发脾气的原因很多，每个人都不可避免地会产生愤怒的情绪体验。愤怒是一种有害的情绪状态，常常会给人带来意想不到的麻烦，人在发脾气时，意志力会变得薄弱，判断力、理解力都会降低，理智和自制力也容易丧失，而且，长期、持续地发脾气对个体的健康损害也是极大的。

《内经》上说："喜怒不节，则伤脏，脏伤则病起。"当人愤怒发脾气时，交感神经兴奋增强，从而使心率加快，血压升高。所以，经常发脾气的人，容易患高血压、冠心病，而且可使病情加重，甚至危及生命。愤怒可使食欲降低，影响消化，经常发怒可使消化系统的生理功能发生紊乱。发脾气还会影响人体腺体的分泌功能。过度的愤怒甚至还会使人丧失理智，引发犯罪或其他后果，因此控制脾气十分重要。

生活中我们总会因为一些事情而陷入愤怒之中而大发脾气。脾气虽然只是一种情绪，但如不加以控制，却具有极大的破坏力。但是，引起愤怒的直接"元凶"却不是事件本身。有心理学家认为，人的情绪不是由于某一事件直接引起的，而是因为经受了这一事件的人对事件的不正确的认识和评价，形成了某种信念，在这种信念的支配下，导致了负面情绪的出现。这一观点在心理学上被称作"ＡＢＣ"理论，其中，Ａ代表某一事件，Ｂ代理信念，Ｃ代表情绪与行为。Ａ并不会直接导致Ｃ的发生，而是通过中间的Ｂ起作用的。著名心理医生卡尔·孟宁格也曾经说："态度比事实重要得多。"

当我们被烦恼、愤怒、绝望等负面情绪包围时，不仅要从事物本身寻找原因，更重要的是及时检查自己的态度，看看我们是否在用消极的态度评价所发生的事情。正如成功学大师拿破仑·希尔所说："我们怎么对待生活，生活就怎么对待我们。"

♡ 脾气是一把双刃剑

生活不是一帆风顺的。在众多坎坷的生活中，我们不断遇到令我们伤心、难过的人和事，不断经受伤神费解的痛苦体验，不断品尝落寞失望的悔恨，继而加强自己血泪仇恨的渊源。在不幸的命运转动中，痛恨自己，更仇恨他人，结果是失去了正常生活的勇气。遭遇悲惨不幸的坎坷命运，能否获得蜕变重生将取决于如何正确合理地看待不幸引发的脾气。

脾气的味道太过刺激，既伤害我们的健康，又不利于他人的成长。

坏脾气的本质就如一把弯刀，既伤害他人，也伤害自己。

电影《伤城》生动细腻地刻画出仇恨的悲哀：我们建起了一座城，用受过的伤，保护还没受伤的地方，结果越来越伤。

20年前，梁朝伟饰演的督察刘正熙亲眼目睹自己的家人惨遭杀害。为了逃避被加害的命运，为了卧薪尝胆实施复仇计划，小小年纪的他选择了隐姓埋名。20年来他时刻被噩梦惊扰着，复仇是他存活下去的唯一动力。多年来他一直尾随强大的敌人，从澳门到香港，发誓要血债血还。在这片伤心的城市中，他成了被仇恨滋养的孤独灵魂。长大以后，做了督查的刘正熙娶了仇人的女儿，以此作为他复仇的工具。在复仇的怪圈中，享受甜蜜生活的新婚妻子却丝毫不知道自己已经成为丈夫报仇雪恨的一个筹码。

刘正熙最终冷静而残忍地杀害了自己的岳父，也是20年来隐藏在他心中的最大仇人。故事仍在继续着……血债血偿的誓言让刘正熙无法就此停手，他的妻子，仇人的女儿也必须得死。然而，在他杀死自己妻子的那一刻，他却得知她并不是仇人的亲生女儿。悲剧终究还是发生了。逐渐爱上妻子的他看着妻子倒下的瞬间，意识到自己生命的归属感再次清零。

他饮弹自尽了。震惊的同时我们又是清醒的。《伤城》中的悲剧人物刘正熙一生中最大的困惑不是失去家人的痛苦，而是内心不能释怀的仇恨。从目睹全家惨遭杀害的那一刻开始，他的仇恨就已经开始了。他活在家人被杀的痛苦回忆中，始终不能自拔。回忆叠加成复仇的欲望，建筑的伤城始终固若金汤。当欲望变成了现实，手刃仇人的快意却无法让他的灵魂得到救赎。打破伤城的唯一方法就是自我的毁灭。

可能刘正熙在死的那一刻，都不明白自己的症结出在了哪里。他不明白是仇恨剥夺了他生命的归属，是仇恨让他无处容身。仇恨加速了他的死亡。当年他躲过了仇人的追杀，却难以逃脱仇恨的鞭笞。

坏脾气是一把双刃剑，既伤害了他人，又伤害了自己……

现实生活中的我们，无可避免地心中都会有伤，也都会受伤。生活中的我们用我们自己的方式诠释着这些伤，我们做的每一个决定，都是对这些伤的招供，我们做的每一个选择，都是在伤的阴影下规避更多的伤害或者执拗的逞强。如何正确地看待与诠释这些伤，同样也取决于我们选择的一种生活态度。有时候，很难说清楚，到底是伤给予了我们对生活的态度，还是我们对待生活的态度让我们不断受伤？

总的来说，人心就是一座防范严密的城池，没有其他人能够真正地走进去，也没有人能够信誓旦旦地说"我了解"。这座固若金汤的城池时时刻刻保护着我们，抵御着外来的伤害。如果这是一座伤城，那么它在保护我们的同时却也伤害了游走在我们身边的人，最后我们也会伤痕累累……

♡ 脾气可以发，但不能乱发

李红经常会发脾气。身为上司的她似乎有这样的特权，可下属心里并不痛快。李红和亲近的人抱怨："我工作压力这么大，什么事都在那儿撑着。若再压抑自己，不让我发泄一下，我的心理健康会受到损害，也许还会得病呢！"

这样的例子很多。你总有一种不好的感觉，让你在工作和与同事交往时，陷入理不清的烦恼或忧虑之中；你总是看不上某个同事，别人一提他，你的评价总是："有病。"

心理医生说，现在的人生活节奏太快了，工作压力太大了，而且大多数人不会自我调节和减压，久而久之，便使心理"发烧、感冒"，严重的会烧成"肺炎"。

我们一直认为生气时不把怨气发泄出来，久而久之会造成心理压抑，只有把心中的怒火释放出来才有益于健康。刻意压抑情感，甚至生气时也强装笑脸是有害健康的。实际上，许多专家也建议生气时最好不要压抑，而是把它发泄出来。

但是，怎样才是表达感情的最好方法？提高嗓门，大声斥责，这样你就占了上风吗？答案是否定的。发脾气，失去控制，只能让你得到一时的心理满足，好像是你很英明，别人没有头脑。但事后很多人仍会像"爆发"之前那样心烦意乱，有些人还会为自己如此失去控制平添一分担忧，甚至对自己产生怀疑。

我们的建议是：生气要适度。

生气发火大体有两种："积累式"和"爆炸式"。"积累式"是指你总生小气，但又无法发作，气在你心中"怄"着；"爆炸式"是受意外事件刺激，让你暴跳如雷。

消除"积累式"，关键在于不积累"生气"。任何不愉快的情绪，都要婉转地释放出去，只要你释放了，这个"气"就不会占据你的心灵，也就谈不上积累了。但是要注意，释放不是发火，而是玩笑、比喻、置换，只要不是"雷鸣电闪"就可以。

对付"爆炸式"发火，有点难度，这主要因为，谁也无法预料将要发生什么，再加上当事人不会克制，当然动不动就要"爆炸"。不过别害怕，有办法的。我们要保持清醒、冷静，当事情在你面前露出一角时，你要学会往坏处想，这样即使果真是坏结果，你也有了心理准备，不至于发大火，"炸"伤别人和自己。

这是个慢功，但只要你爱护自己，总能学会的。

♥ 脾气是根火柴头，一擦就着

轻易发脾气会使人远离真理。世界上很少有因为发脾气就使问题获得解决的；相反，发脾气常把事情搞僵了，搞糟了。人在愤怒发脾气时，极而言之，极而行之，没了后退之路，没了回旋余地。本来有理，反而变成了没理；本来是小事，结果闹成了大事，甚至不可收拾。过后，悔之晚矣。

《三国演义》中的张飞怒责部下，结果被范疆、张达切了脑袋。俄国大文豪屠格涅夫曾劝告与人争吵、情绪激动的人："在开口之前，先把舌头在嘴里转十圈。"

脾气是射向自己的一支利箭，它不一定能伤害你的敌人，却时时会侵蚀你自己。

《孙子兵法·火攻篇》中指出："主不可以怒而兴师，将不可以愠而致战。"这虽然强调的是临敌制怒，但对生活中的人们同样富有启发。

与人相处，不分是非曲直，动辄发脾气，是不文明的表现。易怒之人应潜心修养，注意"制怒"，心平气和，以理服人，不可放纵心头无名之火，像火柴头似的一擦就着。

"制怒"真言，谁都应该置为座右铭。然而，制怒并不是一件容易的事，它是一个人以理智战胜感情冲动的过程。善于制怒、控制脾气，不仅需有"忍人所不能忍"的宽广胸怀和以大局为重的精神境界，还需要有强烈的自我控制意识。

要"制怒"，首先要陶冶性情，不断提高修养，理智地将怒气这个"情绪炸弹"扔掉。

制怒的最好办法是忍和宽容。自觉的忍，理智的让，不是退缩，不是无能，不是放弃原则，而是一种策略、一种智慧、一种境界。只有洞察世事，心灵清澈，对是非矛盾有清醒认识的人，才会在可能被激怒的时候做到真正自觉地忍，真正心平气和地面对生活、工作中的各种矛盾和挑战。

具有忍的智慧，达到忍的境界，需要修炼，而生活本身，它的正面经验和负面教训，则是这种修炼的燧石。

一个不会愤怒的人是庸人，一个只会愤怒的人是蠢人，一个能够控制自己情绪、做到少发怒的人是聪明人。只要我们肯下工夫学会制怒的正确方法，他人肯定会对我们的道德、修养以及理智、大度发自内心的佩服。那个时候，我们自会达到"风平而后浪静，浪静而后水清，水清而后游鱼可数"的境界。

聪明人的聪明之处，是善于运用理智，将情绪引入正确的表现渠道，使自己按理智的原则控制情绪，用理智驾驭情感。以平和的态度来摆事实、讲道理，要比大喊大叫更能让对方心服口服；而宽恕和谅解有时比伤害、侮辱更能震撼人心。

💙 脾气是个炸药桶，一点就爆

生活中，我们每天都会遇到很多让人心情不愉快的事，这些事情多数都是不起眼的小事，但有时候正是这些小事却能酿成一场大的灾祸。

新闻中曾报道过一起命案，事件的导火索竟然是开空调这样的小事。犯罪嫌疑人是一个22岁的小伙子，在餐馆就餐时要求开空调，遭到了女服务员的拒绝，两人就此开始争吵。经众人拉开后，小伙子愤然离去，不过他越想越生气，冲动之下就跑到商场里买了一把钢刀，回到餐馆对着这位跟自己同样年纪的女服务员连刺数刀，导致女服务员当场死亡。

这一时的生气和不冷静，毁了两个人的家庭，也毁了两个年轻人的未来。事后小伙子追悔莫及，但无奈事情已无可挽回，他因故意杀人罪被判处死刑。临刑之前，小伙子为了表达他悔罪的心意，同时也为了警示血气方刚的年轻人，他咬破手指，在纸上写下了"生气没有好结果"这几个字。

人在生气时，交感神经兴奋，通常会肌肉紧张，毛发竖起，鼻孔开大，横眉张目，咬牙切齿，双拳紧握……总之是调动了身体里所有的能量储备，这时的人就好比是一个炸药桶，一旦爆发，后果可想而知。

在民间，有一种"男戴观音女戴佛"的说法，这虽然在佛经上没有依据，却是中国人培养"做人不生气"这一好习惯的宝贵经验。男人多戴观音，是为了让阳刚之气中少一些残忍和暴力，多一些像观音菩萨一样的慈悲与善心；女人多戴弥勒佛，是为了让阴柔之气中少一些嫉妒和斤斤计较，多一些宽容和包容，像弥勒佛一样肚量宽广。如果这一美好的愿望能够实现，社会不就和谐了吗？家庭不就幸福了吗？

身上不戴观音和佛像，我们也可以做到为人理性不生气。清代的东阁大学士阎敬铭为了平时能浇灭心中的怒火和怨气，就写了一首文字朴实却道理深刻的《不气歌》：

他人气我我不气，我本无心他来气。

倘若生病中他计，气下病来无人替。

请来医生将病治，反说气病治非易。

气之为害大可惧，诚恐因病将命废。

我今尝过气中味，不气不气真不气。

"急则有失，气则无智"，遇事冲动、动辄生气，不仅有损身体健康，又容易让人丧失理智，做出一些疯狂的举动，令自己失去金钱、友谊甚至是生命。

同时，经常冲动、爱生气的人，他的心脏、大脑和肠胃都会受到损害，严重者还会致死。

因此，我们遇事时千万不要乱发脾气，要用平常的心态、大度的胸怀、理智的思维去对待，把坏脾气这个魔鬼赶得无影无踪。这既是正确的做人之道，也是和谐的处世之法。

♡ 脾气太大代价大

　　面对各种机会、诱惑、困境、烦恼的时候，要想把握自己，就必须控制自己的思想，必须对思想中产生的各种脾气保持着警觉，并且视其对心态的影响是好是坏而接受或拒绝。乐观会增强你的信心和弹性，而仇恨会使你失去宽容和正义感。如果无法控制自己的脾气，将会因为不时的脾气冲动而受害。

　　脾气是人对事物的一种最浅、最直观、最不动脑筋的情感反应。它往往只从维护情感主体的自尊和利益出发，不对事物作智谋上的考虑，这样会使自己处在很不利的位置，为他人所利用。本来，情感离智谋就已距离很远了，脾气更是情感的最表面部分，最浮躁部分。以脾气做事，哪里会有理智？不理智，能够获胜吗？显然是不可能的。

　　人们在工作、生活中，常常依从脾气的摆布，头脑一发热（脾气化最典型的表现），什么蠢事都愿意做，什么蠢事都干得出来。比如，因一句无甚利害的谈话，我们便可能与人打斗，甚至拼命；又如，我们因别人给我们的一点假仁假义，而心肠顿软，大犯根本性的错误；我们可以举出很多因脾气的浮躁、简单、不理智等而犯的过错，大则失国失天下，小则误人误己误事。事后冷静下来，自己也会感到其实可以不必那样。这都是因为脾气的躁动和亢奋，蒙蔽了人的心智所为。

　　仇恨会使你失去宽容和正义感。如果你无法控制自己脾气，你将为此付出代价。《三国演义》中的刘备怒气难抑，率兵讨伐东吴，结果被火烧连营，导致惨败。

一般心性敏感的人，头脑简单的人，年轻的人，常受脾气支配，头脑容易发热。问一问你自己，你爱头脑发热吗？你爱脾气冲动吗？检查一下你自己曾经因此做过哪些错事，犯傻的事，以警示自己。

记住，做人不能太脾气化。

不善于驾驭脾气不仅会伤身伤心，还会使人远离真理，成为别人操纵的对象。

聪明人如果不善于驾驭自己的脾气，则在脾气失控的情形下，比普通人更危险一些。正如美国先哲爱默生所言："聪明人比庸人更懂得避免祸事；但在冲动的时候，聪明人吃的亏比庸人更大。"

能否理智地驾驭自己的脾气，是一个人是否走向心智成熟的重要标志。感情用事者不仅会远离成功，还会因为自己的不成熟给别人带去伤害、给自己招来祸端。

为坏脾气找个释放通道

一个总经理训斥了一名职员；职员无奈，便转而训斥他的下属；下属挺火，回家后莫名其妙的把气撒在妻子的身上；妻子气极，便把受到的委屈一古脑儿发泄在儿子身上，打了儿子一个耳光；儿子恼怒之际，飞起一脚踢向小狗；小狗疼得乱窜，发疯似的冲出门乱咬，正好咬着从这路过的总经理。看，这里的职员训斥下属，下属训斥妻子，妻子打了儿子，儿子踢了小狗，便是我说的所谓"宣泄"。

妻子有什么错？儿子有什么错？小狗有什么错？他们平白无故地

挨打挨骂挨踢，错的是那股难以压制的情绪，但是这样的宣泄方式显然是不对的。莫名其妙地发脾气，常常会使人感到不近情理，这样的发泄，也只能被视为一种糊涂，一种"城门失火，殃及池鱼"的倒霉行为。

发脾气可造成神经系统紧张，使内分泌处于亢奋状态，甚至可能引发疾病；从人际关系角度看，一场脾气发下来，别人不仅会对你敬而远之，多年的交情甚至可能因此了结。一个懂得如何发脾气、正确发泄自己不满的人才是一个心理成熟、健康的人。

首先，我们应该承认，人受了委屈或者憋了一肚子气时，常常需要"释放"怒气，正如火山需要喷发。因此，"宣泄"并不奇怪，其次，我们得承认，选择什么宣泄方式，常常会因人而异，比如，理智者会冷静而从容地调整自己的心态，卤莽者会因其冲动而"莫名其妙"地误伤他人。愚蠢者会莫名其妙地走向极端，甚至采用不可取的自罚形式，这就是一句老话所说，生气时踢石头，疼的是脚趾头。

怒气渲泄属于心理释放法，不良的情绪能量通过一定渠道释放掉，心理压力自然恢复平衡。

摔打一些无关紧要的物品能够有效地宣泄坏情绪。如果你愿意还可以跑到楼下，再爬上楼，每步登两个台阶，跑步上楼更好。在日常生活或工作中，人和人经常会产生一些矛盾，这很容易使人发怒。如果我们把心中的不满或意见坦率地讲出来，既可泄怒，又可以通过批评与自我批评增强同事间的团结。或者讲给自己信得过的朋友，你大都会得到安慰。这种释放的方法也是很可取的。高度压抑的日本社会里，商人发明付钱砸东西的"解脱室"，供怒气难抑又无处发的人宣泄。来到解脱室的人需付费，依照费用高低拿到各种陶瓷花瓶、器皿或小雕像，客人通常先写上痛恨者的名字，边破口大骂边将手中小雕像往墙壁上用力一砸。

当然，必须要注意的是，一定要将宣泄与怨恨分开。怨恨导致怨恨，报复导致更大的报复。你已经给予了受你报复的人太多的痛苦和仇恨，他有足够的理由展开对你的报复行动。不论你做多少事情，说多少悔过的话，都改变不了同样的命运。一旦你从复仇中离开的时候，你才会领悟到，自己已经远离了生气的目标——为了解决问题而不是诞生新问题。消极的情绪在宣泄之后，除了在积极的生气之外，你还会给自己积累上复仇、罪恶感、痛苦、怨恨、伤害等感觉，这足以在伤害对方的同时也毁了你自己。

所以做人实在不得不时时警觉，千万别让自己不可控制的脾气毁灭了自己。

当不满情绪积压在心中时，不妨自己唱唱歌。歌的旋律，词的意境，唱歌时有节奏的呼吸与运动，都可以缓解紧张情绪。

发怒固然有损健康，但怒而不泄同样对健康无益。怒气如果不能及时得到排解，会对身体造成极大伤害。正确的态度是疏泄怒气，采用恰当的方法释放心中的怒气。当然，最好的方法还是制止怒气的产生。修身养性，学会宽容是制怒的最好方法。遇到不随意的事，沉着冷静，头脑清醒，保持理智，不感情用事，用平和的心态去面对突然的险境，才能使自己走出人生的低潮。

正能量情绪修习课：有效表达脾气8要诀

发脾气会引发诸多负面结果，给我们人生带来的危害是多方面的，因此不要轻易动怒发脾气。理清脾气来源，有效表达它，才是正确的做法。下面的方法会帮助你做到这一点：

1.认清你想通过发脾气来达到什么目的

不要被脾气蒙住了眼睛，看看脾气背后的欲望是什么。如果你希望和别人交朋友，而他（她）让你失望，你就扇人家耳光的话，那么你就永远失去了和他（她）亲近的机会。相反，你可以说出你真正的感觉："我很重视我们的友谊，但有些事情威胁到了我们的友谊，这让我很失望。让我们谈谈，一起来解决这个矛盾怎么样？"

2.关注脾气

学会区分短期的脾气和长期的怨恨。找个笔记本记下你在不同情境下对不同人的脾气程度，并分清自己的脾气共有多少种类。这会帮助你决定在什么时候、什么情况下表达脾气，表达什么样的脾气，如何表达脾气。

3.真诚、负责地表达你的脾气，不要用暴力的方式

暴力只会带来更多的坏脾气、伤害和复仇，无论是口头的还是躯体的攻击都不会熄灭怒火。告诉别人是什么让你感到受伤害，告诉他们你真正希望他们做的是什么。以不攻击的方式，将不满表达出来，与其说"你错了，你简直离谱"，不如说"我觉得受伤，你的所作所

为没有考虑到我的需要"。

4.不要用脾气来弥补你的自尊心

脾气可能是你用来掩饰自己受伤的一种高傲的方式，是你的生存受到了威胁和自负受到了伤害时的一种自我保护。但是这种方式不能最终解决问题。为了面子而奋斗只会让你时常感到失落，失落又会让你想要发脾气。

5.对自己的脾气负责

不要给脾气寻找假、大、空的理由，你需要的是解决问题，不是空洞的胜利。

6.将脾气暂时搁置

如：发脾气的时候从1数到10。发脾气时先别去想这件事，过一段时间再想，替这些情绪找到出口。体育锻炼是一种很好的释放方式：慢跑、打球、在没人的地方大喊大叫等都可以。

7.不要压抑自己

不要假装你没有脾气，不要通过否认脾气来麻醉自己。压抑自己不会让你得到你想要的，只会让你感到迷惑、内疚和抑郁。生气是真实的情绪，但情绪和情绪表达则是两回事。当一个人一直压抑怒气时，迟早会如同水库溃堤。因此与其压抑，不如学习抒解。

8.对事不对人

说"这件事情真的让我很生气"是针对事件，说"你这混蛋，怎么做出这种事情"就是针对人了。

Part02
不是你运气太差，是你脾气太大

💟 你掉进"倒霉连锁反应链"了吗

美国密歇根大学的一项调查表明，日常生活中，人们有3/10的时间爱发脾气、发牢骚、易怒、暴躁，却不知道原因何在。

你肯定有过这样的感受，只要遇到一件倒霉的事情，那么一系列倒霉事情就会接踵而至，你一整天都陷入坏情绪之中。

小李早上睡过了头，爬起来穿好衣服，打好皮鞋油就往外跑。

谁知外面下着雨，刚打好油的皮鞋沾满了水，裤腿也湿漉漉的还带上了泥巴。

在公交车站等车，却半天不来一辆，小李有些着急，一看表更慌了，如果迟到刷不上卡，那一天等于没上班。

小李决定打车走，又因雨天打车的人太多，好不容易来一辆空车，立刻有人抢先而上。

小李几次也没打上，正好公交车过来了，赶紧上吧。还好，有坐，一屁股坐下去，感觉屁股冰凉，抬起屁股一看：哇噻，原来车座子上有水！可能是刚才的乘客把伞放在车座上的原因。小李憋了一肚子火：我的毛料西裤算完了！这鬼天气！

总算及时到了办公室，一脚迈进办公室，小马就告诉小李高管考核方案没通过，退回修改。那可是小李熬几天几夜的成果啊。要修改，说得多轻松！可改起来多么费劲啊！小李心里又委屈又生气，放在一边，一天也懒得弄。

终于下班了。还是细雨蒙蒙，小李也没什么精神，晃荡着往外走。突然想起忘了给女朋友打电话，约好下午打电话商量晚上吃饭地点的，你看这记性，就今天这些倒霉事给搞的。赶紧打吧，不然女朋友该发脾气了。电话通了，没人接的声音，过了半天才接，那边传来怒吼声："我们约的几点，你脑子进水了？我不去了，你自己吃吧！"啪！电话挂断了。小李这一肚子气，憋得他甚至想在大街上吼几声。

这时，电话铃声想起来，是上司的声音，问退改方案做得怎么样了，小李正在气头上，没好气地说没做呢。上司也火了，大声吼道："没做明天就不用来上班了！"

小李的坏情绪，引起一连串的连锁反应，结果都是糟糕的。

心理学家研究表明：当一个人遇到高兴事情的时候，下丘脑就会分泌出一种叫"去甲肾上腺素"的物质，这种物质会让你的心情越来越兴奋；当一个人处于坏情绪之中时，下丘脑就会分泌出一种叫"多巴胺"的物质，这种物质会让你的情绪越来越糟糕。

因此，当你遇到倒霉不愉快的事情时，应当及时控制自己的心情，一旦坏情绪出现苗头的时候，你就应该立刻把它扼杀掉，千万不能任其肆意发展，乱发脾气，否则你的情绪会越来越糟糕。不但这样，还有更严重的后果，如果你经常有这种坏脾气，你的人生会陷入"倒霉连锁链"中，必定暗淡无光。

💗 牢骚太盛是成功的死敌

街谈巷议，茶余饭后的聊天中，常常可以听见一些人牢骚满腹。他们往往都认为自己是世界上最委屈的一个，简直比窦娥还委屈。他们抱怨工作职位低，赚钱少，老板苛刻；抱怨生活上老婆丑、不温柔……总之，生活中一切不合他意的地方都要发一通牢骚，发一阵脾气，以泄私愤。

人总会有灰心气馁、不满意的时候，此时发点牢骚倒也未尝不可，但如果整天牢骚满腹，不论大事小事，好事坏事，只要不合我意就怨天尤人，就未免有点不正常了。

有这样一个故事：

相传，有个寺院的住持，给寺院里立下了一个特别的规矩：每到年底，寺院里的和尚都要对住持说两个字。第一年年底，住持问新和尚心里最想说什么，新和尚说："床硬。"第二年年底，住持又问他心里最想说什么，他回答说："食劣。"第三年年底，他没等住持问便说："告辞。"住持望着新和尚的背影自言自语地说："心中有魔，难成正果，可惜！可惜！"

新和尚对待世事都持一种消极的心态，所以才不能安于现状，一味抱怨。而他的抱怨，也让他失去了修成正果的机会。

牢骚也好，抱怨也罢，都是因为抱有的心态不对，看问题的角度不对，如果能够以积极的心态，换个角度，相信人的心情会一下子好起来。事物在一个人心中的好坏，决定于此人的心态，而不是事物本身，正所谓"以我观外物，外物皆着我色"。牢骚满腹者，不妨转换一下心情，让乐观主宰自己，心情肯定会一下子好起来。下面这个故事讲的正是这样的道理：

中国有一位著名的国画画家俞仲林擅长画牡丹。

有一次，某人慕名要了一幅他亲手所绘的牡丹，回去以后，高兴地挂在客厅里。

此人的一位朋友看到了，大呼不吉利，因为这朵牡丹没有画完全，缺了一部分，而牡丹代表富贵，缺了一角，岂不是"富贵不全"吗？

此人一看也大为吃惊，认为牡丹缺了一边总是不妥，拿回去预备请俞仲林重画一幅。俞仲林听了他的理由，灵机一动，告诉买主，既然牡丹代表富贵，那么缺一边，不就是富贵无边吗？

那人听了他的解释，觉得有理，高高兴兴地捧着画回去了。

同一幅画，因为心态不同，便产生了不同的看法。所以，凡事都应持一种积极的心态，往好处想，不是看什么都不顺眼，这样就会少些烦恼、苦痛、牢骚，多些欢乐、平安。

现实就是如此，我们必须坦然面对，不能只知发牢骚、发脾气，否则，如果在牢骚中错过了人生正点的班车，那又将会在抱怨中错过下一次坐正点班车的机会。

♡ 生气是拿别人的错误惩罚自己

有这样一个极富哲理的故事：

有一天，佛陀在竹林精舍的时候，有一个婆罗门突然闯进来，因为同族的人都出家到佛陀这里来，令他很不满。佛陀默默地听了他的无理胡骂之后，等他稍微安静后对他说："婆罗门啊，你的家偶尔也有访客吧！""当然有，你何必问此！""婆罗门啊，那个时候，偶尔你也会款待客人吧？""那是当然的了！""婆罗门啊，假如那个时候，访客不接受你的款待，那么，这些菜肴应该归于谁呢？""要是他不吃的话，那些菜肴只好再归于我！"佛陀看着他，又说道："婆罗门啊，你今天在我的面前说了很多坏话，但是我并不接受它，所以你的无理胡骂，那是归于你的！如果我被谩骂，而再以恶语相向时，就有如主客一起用餐一样，因此我不接受这个菜肴。"然后，佛陀为他说了以下的偈："对愤怒的人，以愤怒还牙，是一件不应该的事。对愤怒的人，不以愤怒还牙的人，将可得到两个胜利：知道他人的愤怒，而以正念镇静自己的人，不但能胜于自己，也能胜于他人。"婆罗门经过这番教诲，出家佛陀门下，成为阿罗汉。

动怒发脾气是拿别人的过错来惩罚自己的蠢行。当你对某人所做的某事不满、动气，说明此人在你心目中占有一席之地，你重视、在乎此人，你不希望他所做之事会令你不快，更不希望会伤害到你。如果这个人确实在你的心目中占有一席之地，你动气还情有可原。如果你们之间什么关系都没有，那生什么气呢？为了一个跟你毫无瓜葛的人动气值得吗？再进一步来说，别人犯了错，而你去动气，岂不正是拿别人的错误来惩罚自己吗？

动气是拿别人的错误惩罚自己。然而，真正做到不惩罚自己的人又有多少？走在路上被人泼了水，也不知道是什么水。虽然对方一个劲儿地道歉，你也明白人家不是故意的，可是看着自己湿漉漉的衣服，还是忍不住抱怨："真可恶，怎么这么倒霉？"于是一整天都在想这件事，又后悔不已：早知道就早点出门，或晚点出门。总之，到头来还是在生自己的气。现在想一想，真是不值得，反正被泼了就泼了，再怎么抱怨、后悔都没用，衣服还是湿的。那么倒不如这样想，也许我穿这件衣服不好看呢，不是常说遇水则发吗？这样一来，快乐指数就上来了，回家换件衣服，重新开始新的一天。

不必为了一件已经无法挽回的事而破坏自己的情绪，不必拿别人的错误惩罚自己，也不要将自己的错误迁就于别人的身上，冷静地分析问题，就能做到不动气。

为别人所犯下的错误生气，你无疑是在拿别人的错误来惩罚自己，想一想，这是多么划不来啊！为突来的情绪生气，你发了一场熊熊的无名火，想一想，这对别人来说，又是多么的不公平！

♡ 没有运气的好坏，只有脾气的好坏

生活中，我们经常可以看见一些这样的年轻人，他们整日在不同公司之间穿梭，看起来很忙，但却不是在为工作而忙，而是在忙着到处寻找工作。他们曾经在许多公司任职，从事过不同的职业，能力不能说没有，但是却被自己满腹的抱怨掩盖。其实，他们所抱怨的东西并不是导致失业的最主要原因。恰恰相反，这种抱怨的行为正好说明，他们现在的处境——四处寻找工作的苦楚，完全由自己一手造成。

他们说："每天累死累活，只能拿到这点钱，这算是什么工

作。"

　　他们说："老板太抠门，干得再好有什么用？"

　　他们说："公司领导一个比一个差劲，这根本就是一个烂摊子，在这干得再久也翻不了身。"

　　……

　　他们牢骚满腹，动不动就发脾气抱怨，抱怨公司的老板抠门；抱怨工作时间过长；抱怨公司管理制度严苛；甚至抱怨自己当初怎么会进这家公司……他们的这种抱怨，有时在管理者和被管理者固有的矛盾之间会得到一些实据，因而也许会受到一些善良之人的宽慰，使自己的内心压力暂时得到一定的缓解，并不能给公司造成损失而影响自己的发展。但是，持续的抱怨势必会使人的思想摇摆不定，进而不能专注地工作，甚至敷衍了事。久而久之，问题自然就出现了，到那时即使你不炒老板的鱿鱼，老板也已将你排在了最应辞去的人之列。何况，如果你因此养成抱怨的习惯，想找到下一份工作，或者想在下一份工作中有所作为，实是一件很难的事。这一点，凡是频繁换过工作的人都应该有自己的体会。

　　《致加西亚的信》的作者阿尔伯特·哈伯德曾向一位聘用过数以百计员工的管理者请教，他是如何考察不同的应聘者的。这位管理者说："我招聘员工时，十分看重应征者如何评价自己刚刚离开的那家公司和以前从事的主要工作。如果前来应征的人只是说过去雇主的坏话，甚至恶意中伤，这种人我是无论如何也不会加以考虑的。"

　　抱怨使人思想肤浅、心胸狭窄，一个将自己头脑装满了抱怨的人无法容纳未来，也不会被未来容纳。

　　看看我们周围那些只知抱怨不努力工作却在努力找工作的人吧，

他们从不懂得珍惜自己目前的工作机会，总是抱着近乎愚蠢的奢望，以为下一个工作会更好。他们不懂得，丰厚的物质报酬是建立在努力工作的基础上的，更不懂得，即使薪水微薄，也可以充分利用工作的机会提高自己的技能。他们在日复一日的抱怨中，失去一次又一次工作机会，任自己的大好年华白白流逝，使自己未得到良好增长的技能在飞速发展的现代社会变得一文不值。他们始终没有清醒地认识到一个严酷的现实：在竞争日趋激烈的今天，工作机会来之不易。不珍惜工作机会，不在自己现有的工作中努力，不管学历有多高，能力有多强，最终都会被庞大的失业队伍淹没。

一个人不停地抱怨只会浪费时间和精力，也就是在此时，机会已经从他的身边溜走了。

♡ 负气招来负面的结果

有的人有点能耐，就把自己看得很高，看不起任何人，而且脾气也大，遇事就发脾气，喜欢指责训斥人。但事实上，自负的人历来就是成事不足败事有余。你要切记这样一个道理：自负脾气大是失败的先兆。

自负往往不是空穴来风，自负的人总有一些突出的地方。这些突出的特长，使他们有一种优越感。这种优越感达到一定程度，便使人目空一切，不知天高地厚。

苍蝇和蚊子落在桌子上一本打开的书上，这是一本哲学书。

蚊子指着打开的书说："看看吧，上面是怎么写的：一只蚊子在大洋的另一边扇动翅膀，可能会引起美国气候的改变。看到没有？可以引起美国气候的改变。以前我不知道自己有这个能力，没想到我是这么厉害。现在我还怕什么人类，我只消站得远一点儿轻轻地扇一下我的翅膀，哈哈，他们就会被吹到九霄云外……"

"可是，可是，你以前吹走过人吗？"苍蝇打断他的话。

"那是因为我以前不知道，也没有试过，不自信，现在我很有自信，让我们去找个人下手，我要打败人类，我们蚊子要统治世界。哈哈……"蚊子狂笑着。

这时，一只壁虎出现了。苍蝇看到了壁虎，赶紧飞起来，叫蚊子："快逃跑啊，有壁虎！"

蚊子很傲慢地看了壁虎一眼，"哼！我要打败人类，一只小小的壁虎能拿我怎么样？正好拿你做试验，看我不把你扇到世界的尽头去！"

蚊子不但不飞走，反而扇动着翅膀非常自信地向壁虎飞去，壁虎张开嘴，舌头一弹，蚊子就不见了。

苍蝇叹了口气，飞走了。

风轻轻地吹进书房，哲学书翻到了下一页……

看完这则寓言，我们忍不住要叹息，可怜的小蚊子，它太看得起自己了，因为自己的自不量力，把生命都失去了。

其实，生活中，类似的现象也很多。

家庭中，由于父母对孩子的过分娇宠，很容易让孩子在内心滋生出"相当了不起"之类的自负心态，最终，孩子在成长的途中就会遭遇很多挫折和困难。

工作中，有些人总是对自己的评价过高，而对别人的评价过低，自不量力的情绪溢于言表。工作中总是彰显自负的个性，忽视他人或全体的协作力量。即使有人对他的缺点做出指正，他未必就能听得进去。自负的行为方式，势必会在自己的工作中、与同事的沟通中甚至是在和领导的接触中处处暴露自视清高的迹象。这样一来，就很难和周围的同事融洽相处，会在同事和领导的心里留下不好的印象。

自负的人，必定不会有很好的人缘，工作上他不出错则好，如若出现问题，自然没有人为其说好话，添油加醋的可能还会有不少，他的"饭碗"说不定就会因此而失去。

♡ 悲剧是自己制造的

脾气可以成为你干扰对手、打败对手的有力工具；反之，脾气也会成为对手攻击你的"暗器"，让你丧失理智，铸成大错。

电影《空中监狱》中有这样一段情节：

从海军陆战队受训完毕的卡麦伦来到妻子工作的小酒馆，正当两人沉浸在重逢的喜悦中时，几个小混混不合时宜地出现了，对他漂亮的妻子进行骚扰。卡麦伦在妻子的劝阻下，好不容易按下怒火，离开酒馆准备回家去。没想到在半路上又遇到那帮人，听着他们放肆的下流话语，卡麦伦再也无法忍受了，他不顾妻子的叫喊，愤怒地冲过去和他们搏斗起来。混乱中，一个小混混从衣兜里掏出一把锋利的匕首，卡麦伦不假思索地夺过匕首，一刀捅入对方的胸膛……

那人当场毙命，卡麦伦因为过失杀人，被判了10年徒刑。无论他有多么后悔，也只得挥泪告别刚刚怀孕的妻子，在狱中度过漫长的痛苦时光……

卡麦伦的悲剧难道不是他自己造成的吗？如果他能够控制自己的情绪，不正面与歹徒冲突，又怎会酿成悲剧？制裁歹徒其实不一定要靠拳头和武力。当时，如果卡麦伦能稍微理智一些，向警方求助，事情一定不会演变到这种地步。

你应该学着控制自己的脾气，不要轻易被对方干扰，丧失理智。

一般来说，对方干扰你的方式有两种：

第一种是在言语上刺激你，譬如讽刺你、嘲笑你、挖苦你，或指桑骂槐、无中生有、含沙射影。

第二种是在行动上惹怒你，譬如故意为难你，不断向你挑衅。

如果对方有心刺激你，使你明知他是故意的，却拿他一点办法也没有。唯一的办法只有忍下来，不动声色，不要去理会他的言语，若要反驳，也要笑着反驳。

你千万不可被他激怒，否则，大家只会看到你丧失理性的怒火，而没看到他的伎俩。于是，本来你是无辜的，怒火一烧，你也变成理亏了！如果你不能控制自己的脾气，一时冲动可能让你说了很多不该说的话，做了很多不该做的事，也留给别人很多把柄，结果他分毫未损，而你已遍体鳞伤，甚至一蹶不振！

所以，不管在什么样的情况下，千万别在敌人的干扰下乱了阵脚。以老僧入定的心情面对，那些激怒你的动作自然会消失，而且以后再也不会有人来做同样的事。

你应该明白，如果你已经受到了对方的干扰，脾气开始失控，对方便可轻而易举地消灭你。如果对方是有计划的，谋定而后动地激怒你，那么你被消灭的可能性就很大。因为你的反应都已在对方的掌握之中，而你常会因失去情绪和理智的平衡而作出错误的判断和决定，对方甚至可以不动声色，便使你处于不利的境地。

让自己心平气和一些，别让脾气成为别人借以伤害你的"暗器"。多一些审慎，便不会掉入别人为你设计的脾气圈套当中。

♡ 前程断送在自己的手中

生活中，不好的脾气常常折磨我们的心灵，使我们做事情总是犯错误。因此，我们应尽量在脾气控制自己之前控制脾气。那些能取得成就的人往往是能驾驭脾气的人，而失败得一塌糊涂的人通常是那些被脾气驾驭的人。

一名初入歌坛的歌手，满怀信心地把自制的录音带寄给某位知名制作人。然后，他就日夜守候在电话机旁等候回音。

第一天，他因为满怀期望，所以情绪极好，逢人就大谈抱负。第十七天，他因为情况不明，所以情绪起伏，胡乱骂人。第三十七天，他因为前程未卜，所以情绪低落，闷不吭声。第五十七天，他因为期望落空，所以情绪坏透，拿起电话就骂人。没想到，电话正是那位制作人打来的。他为此而自断了前程。

实际上，我们自己不生气，什么事情都没什么大不了，生气都是自找的，在生气的时候我们要适当进行情绪转换，让自己不至于伤心难过。

有些人一遇到挫折，就会觉得自己倒霉透顶。于是，嘴里骂着，心里恨着。其实这样的生气是无用的，根本不能改变现状，还不如利用这些时间想想如何变不利为有利，跨过艰难。

脾气是人对事物的一种最浮浅、最直观、最不用脑的情感反应。它往往只从维护情感主体的自尊和利益出发，对事物没有复杂、深远和智谋的考虑，这样的结果，常使自己处在很不利的位置上或为他人所利用。本来，情感离智谋就已距离很远了（人常常以情害事，为情役使，情令智昏），脾气更是情感最表面、最浮躁的部分，以脾气做事，焉有理智？不理智，能有胜算吗？

但是很多人在工作、学习、待人接物时，却常常依从情绪的摆布，头脑一发热（情绪上来了），什么蠢事都愿意做，什么蠢事都做得出来。比如，因一句无甚利害的话，有人便可能大打出手，甚至以性命相搏（诗人莱蒙托夫、普希金与人决斗死亡，便是此类情绪所为）；又如，有人因别人给他们一点小恩小惠，而心肠顿软，大犯根本性的错误（西楚霸王项羽在鸿门宴上耳软、心软，以致放走死敌刘邦，最终痛失天下，便是这种柔弱心肠的情绪所为）；还可以举出很多因情绪的浮躁、简单、不理智等而犯的过错，大则失国失天下，小则误人误己误事。事后冷静下来，自己才会意识到犯了错误。这都是因为脾气的躁动和亢奋，蒙蔽了人的心智所为。

所以，给自己的脾气装一个自制的阀门吧。这样我们才能做到挥洒自如，才能赢得卓越的人生。

♡ 气从口出了，祸从口入了

古希腊思想家亚里士多德曾经说："人人都会发怒，那是轻而易举的事。不过，发怒要找合适的对象，要恰如其分，要在恰当的时间，目的与方式也要合适，这就不是那么容易了。"

医生说，每一次生气发脾气，人体所付出的代价，相当于辛苦工作八个小时。这是发脾气对自己造成的损害，然而，发脾气之时的恶言恶语还有可能对别人造成更大的损害。

语言可以伤人于无形，你一时不经大脑，脱口而出的话语，有可能成为别人终身的阴影。

有一个幼儿园老师，恨透了班上一个顽皮捣蛋的男孩。有一次，这个小男孩又闯下大祸，老师惩罚小男孩站在讲台上，并问全班小朋友："你们看看，他像不像一头大笨猪？"天真无邪的孩子们只知道顺着老师的话回答，他们异口同声地说："像！"

小男孩羞愧地低下头来。他是受到惩罚了，然而，更糟糕的是，这个残酷的惩罚可能将伴随他一生。他永远不会忘记，曾经有那么多人，当着他的面大声地说他像一头大笨猪。

一位年轻人在年迈的富人家里担任钟点工人，每天，除了清洁工作，还有半个小时的"陪读"任务。

一天，这名年轻人不小心把花瓶与笔筒的位置放反了，这原本不是什么大事，年老的富人却大发雷霆，指着年轻人的鼻子大骂笨蛋……年轻人一言不发地忍耐着，因为他相当同情这名老人，除了骂人的舌头外，他已别无利器。在将近十分钟的咒骂后，老人好不容易平息下来，要求年轻人进行每天的例行公事——读一段故事给他听。

年轻人翻着书，找到一个相当吸引人的章节，上面写着："南洋所罗门岛上的一些土著，每当树木长得过大，连斧头都砍不了时，他们就会对着树木集体叫喊，直到树木倒下为止。喊叫扼杀了树木的生命，比任何刀棍、石头都还具有杀伤力；正如那些尖酸、刻薄、粗鲁的言语，往往会刺伤人的内心。"

年迈富有但性格怪僻的老人听了这个故事，沉默许久。当年轻人把咖啡送到他面前，准备为他加糖时，老人抬起头来，脸上出现难得的慈祥笑容，亲切地说："不用加糖了，你的故事已经为我加了糖！"

盛怒之下，脑细胞不知道要损伤多少，血压不知道要升高几许，总之不利于健康。而且血气沸腾之际，理智不大清醒，言行容易逾分，于人于己都不相宜。一时之气，恶言恶语只顾自己痛快，但是对那些被你的恶语灼伤的人们，却有可能造成难以弥补的伤害。

大家都知道一个人如果吃得不卫生，便极可能生病，这叫做"病从口入"。与之相对应的是，一个人如果说话不注意口气，不注意分寸，不懂得技巧，便极有可能得罪别人而遭殃，这就叫做"祸从口出"。人生中的很多麻烦、悲剧都是由于说话方式不当而引起的，因此，当你生气发脾气时，说话一定要"三思而后开"，仔细掂量每一句话，谨防一气之下，口不择言，言语冲撞，冒犯他人，引起纠纷，埋下隐患和祸根。

♡ 争论不能使任何人服气

人在盛怒这下，容易与人发生口角争辩，然而争辩从来没有好结果。

处世最没有益处的事情就是与别人发生无谓的争论。你在争论中可能有理，但要想改变别人的主意，可不是一件容易的事情。美国威尔逊总统任内的财政部长威廉·麦肯泽，将多年政治生涯获得的经验归结为一句话："靠辩论不可能使无知的人服气"。也就是说，不论对方聪明才智如何，你也不可能靠辩论改变任何人的想法。

从争论中所获得的胜利，没有什么益处，而且又破坏了双方的情谊。争论不仅使个人的精神、时间、身体都蒙受了莫大的损失，而最大的最可怕的影响，是会因争辩而发生不合作的现象。社会减少了合作能力，进步自然也有了限制。就是许多国际间的纠纷，以致战争的爆发，不少也是由琐屑事情的争辩所造成的。

喜欢争论的人，表示他自尊大。避免跟人争论最聪明的方法，就是同意对方的主张，不必管他的意见是如何可笑，如何愚笨，如何浅薄，你用礼貌对答他，你无条件地赞成他的意见，佩服他的见识和聪明。然后你立刻避开他，在不必要的时候，你不要跟他交往。你要获得胜利，唯一的方法是避免争论。你抱着不抵抗主义，让那个向你进攻的人，自动停止他的策略，使你的精神保持着，不耗费于无益的争论中。不但避免普通的争论是可能的，就是避免有目的进攻的争论挑战，也同样有可能。你的心目中只须记住：用爱心解仇，仇可立即解除；以恨止怨，怨必更深。

牛会生蛋吗？你不妨这样回答：哦，有这样的事吗？只是我的见识太浅，并不曾有过这种经验。如你发觉他的来意是挑衅，那么，你应该和婉地回答：是的，牛会生蛋，我不怀疑，我不怀疑，不过我却不曾见过生蛋的牛。真理不是从争论中获得的，你听了一件认为不是真理的理论，你尽可让命运去支配他的错误，他的幼稚，让自然去揭发他。

以争论阐明真理，那是错误的，而且这错误属于你了。美国林肯总统曾劝诫他的下属说：你们的工作，难道不够繁忙吗？为什么还有多余的时间，去跟人们争论呢？况且相互争论，归根结底总是得不偿失。

卡耐基说："你绝对赢不了任何争论。你之所以赢不了，是因为你若输了，你固然是输了，而你若赢了，你还是输了。为什么？假设你胜了对方，把他的议论驳得千疮百孔，并证明他神志不清。然后怎样呢？你觉得好过瘾，可是他又怎么样呢？你已叫他觉得不如你了，你还伤了他的自尊，他会痛恨你的胜利。"

怎样才能避免那些非原则性的争论呢？记住这句话："当两个伙伴意见总相同的时候，其中之一就不需要了。"如果你没有想到的地方，由别人提出来，你就应衷心感谢。不同的意见是你避免重大错误的最好机会。

♡ "死抬杠"的脾气要不得

"这部电影糟透了，花了两个钟头，却一点意义也没有。"

"看电影何必要有什么意义呢？而且，这一部片子实在也不能算是很坏。"

"不过我认为它的布景是很宏大的，一定费了许多工夫。"

"那又不然，我们弄惯了，这一点布景是很便当的。"

"还有演员也算相当卖力，只可惜为剧本所限，不能充分发挥他们的才干。"

"这几个演员已经算是做得不错的了，如果在别的剧本里，一定要失败。"

上面几句对话你看来也许觉得好笑，不过这情形多着呢！有些人差不多习惯性地专和别人作对，无论别人说什么，他总要照例反驳。他自己本来一点成见也没有。不过你说"是"时，他一定要说"否"，到你说"否"时，他又说"是"。这是最可怕的习惯，犯的人很多，而且每每不自知。

为什么会这样呢？因为他不喜欢听取别人的意见，心目中只有自己，而且他自以为比别人高明，事事要占上风。

即使你真的见识比别人高明，这种态度也是要不得的。你简直不为对方留一点余地，好像要让他窘迫到无路可走，才觉得满意——我知道你并没有想到这一层，但实际上你正是这样做的。这种习惯使你自己与朋友或同事疏远，没有人肯给你提供一点意见，更不敢向你进一点忠告。你本来是很好的一个人，但不幸你有一点爱和人抬杠的脾气。

唯一改善的方法是养成尊重别人的习惯。首先你要明白，在日常谈论的十有八九没有绝对是非标准的问题当中，你的意见不一定是对的，而别人的意见也不一定是错的。把双方的总和再行分配，你至多有一半是对的。那么你为什么每次都要反驳别人呢？

有这毛病的，大概都是聪明人居多数（否则也是自作聪明的人），他也许太热心，想从自己的思想中提出更高超的见解，他以为这样可使人敬服，但事实上完全错了。一些平凡的事情，是不必去费心做更高深的研究的——至少我们日常谈话的目的，是消遣多于研究，既然不是在庄重地讨论问题，又何必在琐屑的事情上抬杠？所以，在轻松的谈话中不可太认真。

你的同事进献给你一个意见时，你若不能即刻赞同，那么最低限度要表示可以考虑，但不可马上反驳。要是你的朋友和你聊天，你更要注意，意见的纷争会把一切有趣的生活变得乏味。

倘若你的夫人问你："我的发式好吗？""不好。""我的衣服美丽吗？""不大美丽。"或她说："这双黄色的鞋子真好看。"你却偏要说："不如黑色的。"她说："孩子应该早点起床。"你却说："迟点也不要紧。"试想，这是如何的煞风景啊！

记着，你不可做一个固执的同事，不可做一个没趣的朋友，不可做一个无情的爱人，不可做一个冷酷的父亲，或者是一个执拗的弟弟。

我们常听到批评某人"死抬杠"，就是爱与人唱反调，表现得与人不同。现在你明白了抬杠是愚蠢的，那么，希望你避免与人作对才好。

别人和你谈话时，他根本没有准备请你说教，大家说说笑笑罢了，你若要硬作聪明，拿出更高超的见解（即使真是可佩服的见解），对方也不会乐意接受，所以，你不可随时摆出像要教导别人的神气来反驳对方。

正能量情绪修习课：3招制服冲动

冲动是指在理性不完整的状况下的心理状态和随之而来的一系列行为。打架斗殴都在这种情况下发生。来自深圳市中级人民法院的数据显示，"冲动杀人"成为治安管理的一大隐患，其中，20—30岁的青壮年男性最易一时冲动起杀意。一些人仅因一件琐事、一句口角，一时冲动便起意伤人、杀人。当然，杀人偿命、欠债还钱是法治社会最基本的准则。为此付出沉重代价的人，事后往往悔不当初，而旁观者则对他们迟来的觉醒摇头叹息。

研究发现，下面这些人的冲动指数相当高：

（1）价值观不正确，摆不正自己的位置的人。

（2）无所事事，没有明确的事情分散体力、精力的人。

（3）在节律周期的临界日，特别是在情感曲线的临界日的人。

（4）人体内环境失衡，如甲亢等内分泌失调的人。

一个冲动的人，在他作出冲动的举动之前是很欠考虑的，甚至都没有考虑过，而是凭一时的冲动而先行动，最终导致严重的后果，后悔莫及。尤其是血气方刚的年轻人，最容易冲动，在事后又追悔莫及。因此，我们应该时刻提醒自己一定要改掉冲动的毛病。

在此提供一些方法，希望对性格冲动的人有一定的帮助。

1.用理智战胜冲动

理智之人遇上不顺心之事，一般都能三思而后行。除了那些丧失理智和法律意识单薄之人外，正常人都有一时激愤或消沉的时候。这是个危险时段，很多不正确的判断常常是在这不冷静的时刻做出的。判断失误必然导致行为欠妥，如果人们能在最短的时刻内让头脑降温，就会掐掉一根危险的导火线。

2.提高文化素质

能否理智行事与文化程度的高低成正比。这点，和深圳法院的调查报告完全吻合："冲动杀人的罪犯最多仅有初中以下文化程度，文化程度低下，缺乏自控能力是逞一时之快杀人的重要原因。"众所周知，法律对一些欲铤而走险的人能起警示作用。可是，如果文化程度低下，加之法律意识淡薄，"无知无畏"，那就极其容易因一时冲动而走向犯罪的深渊。

3.用旁观者的眼光看问题

"当局者迷，旁观者清"，这话不无道理。在日常生活中，我们每个人都曾做过局外人观看过别人吵架。这时候，无论是哪一方的言行，其失当和偏颇之处你大多能觉察。因此，如果人们能以局外人的思维，审察自己，便能把许多事情看得很明了。"冲动是魔鬼"，我们应该时刻谨记这句话，并在我们情绪失控的时刻以此来加以制止。任何事情都应该三思而后行，一时的冲动只能让结果变得更坏。

Part03
发脾气是本能，掌控脾气是本事

♡ 倔脾气真的改不了吗

有很多人在发脾气之后，习惯给自己找借口，他们说："我天生就这样。""我也没办法呀！"并以此来求得别人的原谅。如果偶尔如此，我们会嘲笑他，又在给自己找借口了！可是当他习惯于这样说之后，当我们数十遍的劝谏都无济于事之后，也许你就会疑惑起来，难道他的脾气真是天生的吗？

有一个人脾气很暴躁，常常为得罪别人而懊恼不已，所以一直想将这暴躁的坏脾气改掉。后来，他决定好好修行，改变自己的脾气。于是他花了许多钱，盖了一座庙，并且特地找人在庙门口写上"百忍寺"三个大字。这个人为了显示自己修行的诚心，每天都站在庙门口，一一向前来参拜的香客说明自己改过向善的心意。香客们听了他的说明，都十分钦佩他的用心良苦，也纷纷称赞他改变自己的决心。

这一天，他一如往常站在庙门口，向香客解释他建造百忍寺的意义时，其中一位年纪大的香客因为不认识字，而向这个修行者询问牌匾上到底写了些什么。修行者回答香客说："牌匾上写的三个字是'百忍寺'。"香客没听清楚，于是再问了一次。这次，修行者的口气开始有些不耐烦："上面写的是'百忍寺'。"等到香客问第三次时，修行者已经按捺不住，很生气地回答："你是聋子啊？跟你说上面写的是'百忍寺'，你难道听不懂吗？"

香客听了，笑着说："你才不过说了三遍就忍受不了了，还建什么'百忍寺'呢？"

科学家认为，人之所以暴躁爱发怒是和大脑神经系统有关。大脑前额叶皮层对感情、道德等情绪有影响，并负责产生行动的神经冲动，这就导致了举止暴躁等表现。

有这么一个故事说得很好。

盘珪禅师说法时不仅浅显易懂，也常在结束之前让信徒提问题，并当场解说，因此不远千里慕道而来的信徒很多。

有一天，一位信徒请示盘珪禅师说：

"我天生暴躁，不知要如何改正？"

盘珪："是怎么一个天生法？你把它拿出来给我看，我帮你改掉。"

信徒："不！现在没有，一碰到事情，那'天生'的性急暴躁才会跑出来。"

盘珪："如果现在没有，只是在某种偶发的情况下才会出现，那么就是你和别人争执时，自己造就出来的，现在你却把它说成是天生的，将过错推给父母，实在是太不公平了。"

信徒经此开示，会意过来，再也不轻易地发脾气了。

故事的答案很明显，只要有心，没有什么坏脾气改不了的。

♡ 真的是"士可杀不可辱"吗

提起羞辱，是每一个人都不想遇到的，但是看那些成大事者的人，却往往都是从屈辱中走过来的。这里，我们并不是在宣扬羞辱的经历是一个人成功的元素，我们要说的是，如果你不幸遭遇到了羞辱的事情，那么不要生气，不要忧郁，不要发脾气，不要觉得难堪，不要觉得抬不起头，事实上，要乐观地面对人生：羞辱可以锻炼韧性，可以成就强者。

忍辱负重，从而完成《史记》的司马迁就是一个值得后人敬重的英雄。司马迁的父亲在临死之间嘱咐儿子一定要替他完成这项使命。不过当司马迁全身心地撰写《史记》之时，却遭受了巨大的磨难。天汉二年，李陵征讨匈奴被俘。消息传到长安后，武帝听说自己的战将投降，非常生气。满朝文武都顺从武帝的想法，纷纷指责李陵的罪过。而司马迁直言进谏，说李陵寡不敌众，没有救兵，责任不全在李陵身上，极力为其辩护。然而他的直言不讳，却引得龙颜大怒。司马迁因此被打入大牢。

司马迁被关进监狱以后，遭受酷吏的严刑拷打。面对各种肉体和精神上的残酷折磨，他始终不屈服，也不认罪。后来司马迁被判以腐刑。那时，这种腐刑既残酷地摧残人体和精神，也极大地侮辱人格。

当时的司马迁甚至想到了一死，不过后来他想到了父亲遗留给他的使命，想到了孔子、左丘明、孙膑等人，他们所受的屈辱，他们顽强的毅力，还有他们在历史上留下的成绩都大大鼓舞了司马迁。他立誓无论发生什么样的屈辱，也要把《史记》完成。

征和二年，司马迁终于完成了基本的编撰工作。这期间的数年中，他忍受着身体和精神上的巨大折磨，但这些都没有把他打倒。他用他的生命谱写的不仅仅是一本旷世的历史著作，更是人类史上一本永存的生命赞歌。

人在遭受了屈辱后，一般都会有两种选择：有的人承受不起这样的折磨，大发脾气，从此悲观厌世、意志消沉；有的人即使身体遭受了巨大的折磨，但是内心的火花不败，他们有着顽强的意志和斗争力，终于赢得了人生的荣耀。

正确地看待屈辱，把它当成一种刺激人向前的动力，能做到这点的人才是真正的智者。有一次，戏剧家曹禺邀请他的朋友阿瑟·米勒来家中做客。闲聊中，阿瑟·米勒暗示道：像您这样的老作家，肯定是包围在一片荣耀和吹捧中的吧。曹禺笑了笑，从书架上拿来一本装帧讲究的册子，上面裱着的是画家黄永玉写给他的一封信，上面写道："我不喜欢你解放后的戏，一个也不喜欢。你的心不在戏剧里，你失去了伟大的通灵宝玉，你为地位所误！命题不巩固、不缜密，演绎分析也不够透彻，过去数不尽的精妙休止符、节拍、冷热快慢的安排，那一箩筐的隽语都消失了……"信中对曹禺的批评字字严厉，甚至有明显羞辱的味道。阿瑟·米勒非常不解，如此一封使自己难堪的信，为何还精心地装帧在精美的册子里呢？曹禺解释道，正是这封信在不断地鞭策着他前进，每当他觉得懒散时，他都来阅读一下进而激励自己继续向前。

如果你因为老板一句羞辱你的话而辞职不干，那么你永远就没有机会向他展示你强大的一面。记住这些屈辱，但是不要被它缠住。有人因为屈辱而自暴自弃，有人因为屈辱而奋发图强，这就是真正的弱者和强者的差别。

尝试着对那些屈辱笑一笑吧，把它们带来的郁闷转化成强大的动力，用它们来刺激我们前进的马达。或许正是这些屈辱，让我们更早知道了我们的短处。人生的路上如果总是鲜花和掌声，反而会蒙蔽我们的心灵，遮住我们的眼睛。感谢那些适时飞来的"臭鸡蛋"吧，或许正是它们才能把我们及时砸醒。

生活中不断地会有大大小小的委屈发生着，关键是看你处理它们的态度。悲观者把屈辱当成打击，乐观者把屈辱当成激励，两者不同的人生态度导致了不同的人生结局。

♡ 再窝火也别乱撒气

当一个人心情不佳时，通常情况下会影响到他对待外界的态度，比如恐惧、暴躁、动怒、怀疑、冷漠，这些情绪都可能伤害到周围的人。

把自身承受的压力与疼痛的刺激转移给身边的人，在某种程度上可以影响周围的人。宣泄一定的情绪以达到自身的心理平衡，这样做有利于自身的身体健康，同时，却可能促成自己自私的思维习惯，所以是不可理解的。要知道，身边的人都是要用爱与关怀去对待的家人、朋友和伙伴，通过迁怒的方式让他们来分担自己的坏情绪，对于所有人来讲是不公平的，也是不可理解的。说到底，迁怒别人，受害最大的是自己。

人有时是无法不生气的，生气了能做到不迁怒于别人就很了不起了。被骂者一般都是不服气的，内心充满逆反。当这种逆反积聚到一定程度时，自然会寻求出口，于是就迁怒他人。有些事情，事后常常会觉得完全没有理由发火的。

有位父亲下班回家，一进门就看到十多岁的女儿正在用他的工具修理东西，工具散落一地，客厅凌乱不堪，他禁不住便破口大骂。聪明的女儿在收拾干净后跑来拥抱他，然后问："爸爸，你今天在办公室里一定遇到不愉快的事了，是吗？"

这位懂事的女孩了解老爸的怒气不完全是针对自己，很可能是老爸因为别的事受伤了，因此并没有情绪反应，反而安慰爸爸，这是极大的智慧。

无论一个社会多么公平，个体之间总有尊卑、智愚、贫富、强弱等诸多的差别，而且几乎没有一个幸运儿会在所有的方面都比他人优越。由于普遍的社会矛盾和人性的弱点，每个人都会受到他人有意无意的愚弄、非礼、侮辱甚至强暴。冒犯者又往往比被冒犯者强大，因此被冒犯者出于自我保护的现实不得不把怨愤之气暂时隐忍下来，转而把本该还施其人的怒气发泄到比自己更弱小的个体身上。但更弱小的个体同样会把怒气转嫁他人，最后的受害者常常是最弱小者自己的妻子或儿女，他们会无缘无故地遭到丈夫或父亲的打骂。

但整个"迁怒之链"并未至此终止。在孩子的世界里，迁怒也遵循与成人相似的轨迹在蔓延和传递，进而当这些孩子长大之后，又会把其他老人甚至父母当作迁怒的目标。于是这股迁怒之气进入了恶性循环。迁怒加剧了人的不幸，迁怒使人间失去了很多的欢乐，使很多的家庭失去了原本的温馨，几乎所有的烦恼和不幸都由迁怒而起，或由迁怒加剧以致不堪收拾。

对于我们来说，已经受了委屈，或者情况已经很糟糕了，最好的办法是去化解自己内心的不平衡。别把坏情绪传染给别人，那只会造成更坏的结果。总之，我们做人做事，要尽量注意不迁怒。

一个人在多大程度上能做到据理力争、恩怨分明、保持尊严、维护人格，他就可能在多大程度上跳出"迁怒之链"，这样也有效地增进了人间的祥和，家庭的温馨，有利于加强自身的道德修养，使自己拥有一个平和的心。

♡ 不能控制脾气就不能控制人生

芬妮是一个脾气暴躁，容易出现情绪波动的女孩，经常因为小事和别人吵架。她的人际关系因此愈来愈紧张，在公司经常与人发生矛盾，结果男友也难以忍受她的坏脾气，和她分手了。终于有一天，她觉得自己已经处于崩溃边缘。

她打电话向她的一个朋友詹森求救。詹森向她保证："芬妮，我知道现在对你来说是有点糟，可是你只要经过适当的指引，一切就会好转。你现在要做的第一件事是让自己安静下来，好好地享受一下宁静的生活。"

听了詹森的话，芬妮开始试着放弃先前忙碌的生活，好好地放松一下自己，给自己休了一个长假。当她稳定了一段时间之后，詹森又建议道："在你发脾气之前，不妨想想，究竟是哪一点触动了你？"

"你可以拥有两种思考方式，一种是让每件事情都在脑海里剧烈地翻搅，另一种则是顺其自然，让思想自己去决定。"说着，詹森拿出了两个烧杯，然后分别装了半杯清水，随后又拿出了两个塑料袋。芬妮打开来，发现里面分别是白色和蓝色的玻璃球。詹森说："当你生气的时候，就把一颗蓝色的玻璃球放到左边的烧杯里；当你克制住自己的时候，就把一颗白色的玻璃球放到右边的烧杯里。最关键的是，现在，你该学会控制自己的情绪，如果你不试着控制自己的情绪，你会继续把你的生活搞得一团糟。"

此后的一段时间内，芬妮一直照着詹森的建议做。后来，在詹森的一次造访中，两人把两个杯中的玻璃球都捞了出来。他们同时发现，那个放蓝色玻璃球的烧杯里的水变成了蓝色。原来，这些蓝色玻璃球是詹森把水性蓝色涂料染到白色玻璃球上做成的，这些玻璃球放到水中后，蓝色染料溶解到水中，水就成了蓝色。詹森借机对芬妮说："你看，原来的清水投入'坏脾气'后，也被污染了。你的言语举止，是会感染别人的，就像玻璃球一样。当心情不好的时候，要控制自己。否则，坏脾气一旦投射到别人身上的时候，就会对别人造成伤害，再也不能回复到以前。所以一定要控制好自己的情绪。"

芬妮后来发现，当按照詹森的建议去做时，她真的不再那么混沌了，事情也容易理出头绪。在此之前，她的心里早已容不下任何不满、愤怒的情绪，一定要全部发泄出来，许多麻烦就是这样造成的。此后，芬妮开始有意地控制情绪。当詹森再次造访的时候，两个人又惊喜地发现，那个放白色玻璃球的烧杯竟然溢出水来！

看来芬妮对自己的克制成效不小。慢慢地，芬妮已学会把自己当成一个思想的旁观者，来看清自己的意念。一旦有了不好的想法就很快发现，情绪失控的时候就及时制止。这样持续了一年，她逐渐能够控制自己的情绪，生活也步入正轨，并重新得到了一位优秀男士的爱，美好在她的生活中渐渐展现。

如果你也有和芬妮一样的问题，你就得学着控制自己的情绪和脾气了。

不能控制脾气的人，往往给人一种不成熟或还没长大的印象。如果你仔细想想，只有小孩子才会说哭就哭，说笑就笑，说生气就生气。这种行为发生在小孩身上，大人会认为是天真烂漫，但如果发生在一个成年人身上，人们就不免会对这个人的人格发展产生怀疑了，就算不当你是神经病，至少也会认为你还没长大。谁能放心把重要的事务交给一个充满"孩子气"的人呢？

控制不了脾气，只会让你离成功越来越远。一个人应该有战胜自己的情绪，控制自己的脾气，才能拥有控制自己命运的能力。如果任凭情绪和脾气支配自己的行动，就会使自己成为感情的奴隶。

♥ 自控，成熟比成功更重要

自我控制是一种重要的能力，也是人区别于动物的重要标志。人是有理性的，而非单纯依赖感情行事。没有自制力的人终将一事无成，他因为一点小刺激和小诱惑就抵制不了，继而容易深陷其中，最终害的还是自己。

有一个间谍，被敌军捉住了，他立刻装聋作哑，任凭对方用怎样的方法诱惑他，都毫不动摇。等到最后，审问的人故意和气地对他说："好吧，看起来我从你这里问不出任何东西，你可以走了。"你认为这个间谍会立刻转身走开吗？不会的！要是他真这样做，他就会被识破。这个聪明的间谍依旧毫无知觉地呆立着不动，仿佛对于那个审问者的话完全不曾听见。

审问者是想以释放他使他麻痹，来观察他的聋哑是否真实，因为一个人在获得自由的时候，常常会精神放松。但那个间谍听了依然毫无动静，仿佛审问还在进行，就不得不使审问者也相信他确实是个聋哑人了，只好说："这个人如果不是聋哑的残废者，那一定是个疯子！放他出去吧！"就这样，间谍保住了自己的性命。

很多人都惊叹于这个间谍的聪明。其实，与其说这个间谍聪明，还不如说是他超凡的情绪自控力在关键时刻拯救了他的生命，换回了他的自由。

日常生活中难免会有情绪不好发脾气的时候，这时候不妨试着用以下的方法控制情绪：

1.转移

当我们受到无法避免的痛苦打击时，可能会长期沉浸在痛苦之中，这样既于事无补、不能解决任何问题，又影响自己的工作、损害健康，所以我们应该尽快地把自己的注意力转移到那些有意义的事情上去，转移到最能使你感到自信、愉快和充实的活动上去。这一方法的关键是尽量减少外界刺激，尽量减少它的影响和作用。

2.解脱

解脱就是换一个角度来看待令人烦恼的问题。从更深、更高、更广、更长远的角度来看待问题，对它有新的理解，以求跳出原有的圈子，使自己的精神获得解脱，以便把精力全部集中到自己所追求的目标上。

3.升华

升华就是利用强烈的情绪冲动，把它引向积极的、有益的方向，使之具有建设性的意义和价值。我们常说的"化悲痛为力量"就是指升华自己的悲痛情绪。其实不只是悲痛可以化为力量，其他的强烈情感也都可以化为力量。

4.利用

利用，就是我们常说的"坏事也能变成好事"。一种利用是对时机和客观条件的利用。一个能使我们苦恼的强制性要求，如果能巧妙地加以利用，就有可能首先在精神上感到自己由被动转化为主动，进而可以使烦恼变得怡然自得、乐在其中。

♡ 掌控脾气的关键在于提高情商

控制情绪、掌控脾气的关键在于提高自己的情商，情商高的人是从来不会动怒发脾气的。

以下方法可以帮助你提高自己的情商。

1.意识到自己在做什么

当你发泄你的愤怒情绪时，无论什么原因，不但会使你的肾上腺分泌急速上升，更重要的是，你根本得不到任何益处。用怒气来恐吓你的伙伴绝不是最好的交流方式。通过控制你的进攻性的情绪，你不但可以赢得自爱而且可以提高你的说服力。这样无论你是在同事、朋友还是陌生人面前，你都会知道采取平和态度而不是轻易发火的重要性。这是情绪智商的一个基本原则。

那些容易生气的人，其实有的时候并没有意识到他们在做什么。

拿孩子举例来说：家长有的时候发威并不意味着真的发火。当然，有的时候突然提高你说话的声音是必要的。这之后，我们会感觉舒服一些，但是这不应成为生活中的习惯，除非你想看着你的朋友们都和你对立起来。

2.提高情绪智商

听要比争吵好。想象一下你遭受到了语言攻击并且完全失去了愤怒的控制。练习对着"进攻者"把这些说出来，即使这并不是很容易。有的时候，你的对手会放弃争吵，因为这不像网球比赛：如果没有人接球，那么比赛就不存在了！开导你的情绪，如果一点小的误会就会使你轻易生气，那么如果你在一个雕刻师的位置上，可以想象你将做出什么反应。这并不是说闭上嘴就好了，而应该试着去解决问题并思考是不是值得为此而争吵。

3.控制自己的声音

提高你的声调是你不能够很好地控制自己的表现。如果大声笑，那没有任何问题，但是当你生气大叫的时候却在浪费呼吸。用下面这个经常被小混混儿使用的小窍门：当你的对手大叫时，降低你的声音。说话越来越慢，并且声音越来越小。那么你的对手在没有意识到的情况下就已经跟随你降低了声音。谁会在温柔的声音下发怒呢？

4.控制压力

现代生活充满了压力，在各种关系中人们会在没有什么实际原因的情况下就发火。放松，做自己感兴趣的事情，并且学着在和外界失去联系的情况下放松。当怒气上升时，做做深呼吸并用一点儿时间来分析考虑一下应该如何去做。

💗 操纵好脾气的转换器

天有不测风云，人有旦夕祸福。日常生活中我们难免会遇到一些挫折、困苦等不愉快的事，而一味地生气、焦虑、怨恨，不但不会使事情好转，反而会严重地伤害我们的身心健康。

人不会永远都有好脾气，任何人遇到灾难，脾气都会受到一定影响。这时，你一定要操纵好脾气的转换器。面对无法改变的不幸或无能为力的事，就抬起头来，对天大喊："这没有什么了不起，它不可能打败我。"或者耸耸肩，默默地告诉自己："忘掉它吧，这一切都会过去！"

被称为世界剧坛女王的拉莎·贝纳尔，突遇风暴，不幸在甲板上滚落，足部受了重伤。当她被推进手术室，面临锯腿的厄运时，突然念起自己所演过的一段台词。记者们以为她是为了缓和一下自己的紧张情绪，可她说："不是的，是为了给医生和护士们打气。你瞧，他们不是太正儿八经了吗？"

拉莎·贝纳尔在面对无法抗拒的灾难时，没有恨天怨地，没有抱怨命运不公，相反，她勇敢地跳出悲伤、焦虑的圈子，重新燃起生活的激情。"他们不是太正儿八经了吗？"说这话时，她心中的脾气转换器一定调整到了最佳状态！拉莎手术圆满成功后，她虽然不能再演戏了，但她还能讲演，她的充满生命热情的讲演，使她的戏迷再次为她鼓掌。

脾气是可以调适的，只要你操纵好脾气的转换器，随时提醒自己，鼓励自己，你就能让自己常常有好脾气。那么，当坏脾气突然来临时，如何调适，操纵好脾气的转换器呢？下面的方法可能供你参考：

散散步，把不满的脾气发泄在散步上，尽量使心境平和，在平和的心境下，脾气就会慢慢缓和而轻松。

最好的办法是用繁忙的工作去补充，去转换，也可以通过参加有兴趣的活动去补充，去转换。如果这时有新的思想，新的意识突发出来，那些就是最佳的补充和最佳的转换。

坏脾气会来，也会去，没什么了不得，没什么好恐慌。轻松地面对它，接纳它。它会感谢你的盛情，不再打扰你。

♡ 加强自身修养

自我修养就是实践，就是自我投资，就是敢于同自我作斗争。

如果一个人没有自我修养的品质，即使他具备其他一切成功者的素质条件，也是毫无价值的，根本不可能成为成功者。因为，即使你有自我促进的愿望，即使你自己处于最佳状态，即使你设想登上南极，如果没有百折不挠的修炼，那你将永远不能达到自己所定的目标。

我们每天的成功与失败的经验都在证实和支持着我们目前的自我意象。你连续不断地注意保持和证明今天"你是谁"，这样坚持几年下来，你便形成了一个稳定的自我意象，逐渐习惯了这一意象，并且把其作为自己稳定的内部标准。

我们的习惯开始于无意的观察、细节的暗示与经验，它像带着一点点内容的蜘蛛网，随着实践长大、积累、成熟起来。想象和情绪融合起来，直到它们成为打不破的铁链。习惯就是由网发展成铁链的，它控制着你每天的生活。

自我修养的作用，可用这样一个例子来说明。一个中学的篮球队做了一个实验，把水平相似的队员分为三个小组，告诉第一个小组停止练习自由投篮一个月；第二组在一个月中每天下午在体育馆练习一小时；第三组在一个月中每天在自己的想象中练习一个小时投篮。结果，第一组由于一个月没有练习，投篮平均水平由39%降到37%；第二组由于在体育馆坚持了练习，平均水平由39%上升到41%；第三组在想象中练习的队员，平均水平却由39%提高到42.5%。这真是很奇怪！在想象中练习投篮怎么能比在体育馆中练习投篮要提高得更快呢？很简单，因为在你的想象中，你投出的球都是中的！成功者就是这样，在办公室、运动场不断地锻炼着自己，他们创造或模拟每一个他们想要获得的经历，他们模拟成功，仿佛他们是第一个。成功者就是这样"表里如一"的人们。

调查资料表明，世界上许多卓越的成功者，几乎每个人都是心理调适方面的大师。他们懂得让自我修养处于不断的提高中。他们虽然有时没有工作，但他们在不停顿的练习中使自己面对艰苦的工作时更为坚强了。他们知道想象是最好的工具，想象是成功者的天地。成功者从来不半途而废，成功者从来不投降，成功者们不断鼓励自己，鞭策自己，并反复地去实践，直到成功。为了使你成功，要练习"表里如一"的行动。在睡觉前练，在醒来后练，在广场上练，在汽车中练，让成功成为你的习惯吧！

自我修养是一种自我暗示，是一种思想的实践。它能培养或打破一种习惯，使你的自我意象或思想产生持久的变化，帮助你达到目标。它会反复地用语言、图画、观念和情绪告诉你，你正在赢得每一个重要的胜利。

♡ 做情绪的骑师，掌控人生

约翰尼·卡特很早就有一个梦想——当一名歌手。参军后，他买了自己有生以来的第一把吉他。他开始自学弹吉他，并练习唱歌，还自己创作了一些歌曲。服役期满后，他开始努力工作以实现当一名歌手的愿望，可他没能马上成功。没人喜欢听他唱歌，他连电台唱片音乐节目广播员的职位也没能得到。他只得靠挨家挨户推销各种生活用品维持生计，不过他还是坚持练唱。他组织了一个小型的歌唱小组在各个教堂、小镇上巡回演出，为歌迷们演唱。不久，他制作的一张唱片吸引了两万名以上的歌迷，金钱、荣誉、在全国电视屏幕上露面——所有这一切他都赶上了。他对自己坚信不疑，这使他获得了成功。

然而，卡特又接着经受了第二次考验。经过几年的巡回演出，他被那些狂热的歌迷拖垮了，晚上必须服安眠药才能入睡，而且还要吃些"兴奋剂"来维持第二天的精神状态。他开始染上一些恶习——酗酒、服用催眠镇静药和刺激兴奋性药物。他的恶习日渐严重，以致对自己失去了控制能力：他更多地不是出现在舞台上而是在监狱里。到了1967年，他每天必须吃一百多片药。

一天早晨，当他从佐治亚州的一所监狱刑满出狱时，一位行政司法长官对他说："约翰尼·卡特，我今天要把你的钱和麻醉药都还给你，因为你比别人更明白，你能充分自由地选择自己想干的事。这就是你的钱和药片，你现在就把这些药片扔掉吧，否则，你就去麻醉自己、毁灭自己，你自己选择吧！"

卡特选择了生活。他又一次对自己的能力有了肯定，深信自己能再次成功。他回到纳什维利，并找到他的私人医生，开始戒毒瘾。尽管这在别人看来几乎不可能，因为戒毒瘾比找上帝还难。但他把自己锁在卧室闭门不出，一心一意就是要根绝毒瘾，为此他忍受了巨大的痛苦，经常做噩梦。后来，在回忆这段往事时，他说，那段时间总是感觉昏昏沉沉的，好像身体里有许多玻璃球在膨胀，突然一声爆响，只觉得全身布满了玻璃碎片。当九个星期以后，他又恢复到原来的样子了，睡觉不再做噩梦。他努力实现自己的计划，几个月后，重新登上了舞台。经过不停息地奋斗，他终于又一次成为超级歌星。

一个人要想征服世界，首先要战胜自己。天底下最难的事莫过于驾驭自己，这正如一位作家所说："自己把自己说服了，是一种理智的胜利；自己被自己感动了，是一种心灵的升华；自己把自己征服了，是一种人生的成熟。大凡说服了、感动了、征服了自己的人，就有力量征服一切挫折、痛苦和不幸。"

一个人应该有战胜自己的情绪，控制自己的脾气，控制自己命运的能力。如果任凭感情支配自己的行动，就会使自己成为脾气的奴隶。要想成为世界的主人，先成为情绪的主人。

正能量情绪修习课：管理情绪5法则

管理自己的情绪，掌握自己的脾气，不但有益身心健康，提高自我功能，还能使自己的工作效能提高。

心理学大师告诉我们——管理情绪，掌控脾气，首先要从处理不当情绪开始，主要包括化解愤怒、缓和性急、消除紧张、革除悲观、排遣厌倦五个领域。

1.如何化解愤怒

愤怒令我们失去理智、引发冲突，甚至做出错误决定。处理愤怒（冲突）的基本原则就是"stop→think→do"。你不妨使用纸笔，写下以下的问与答：我现在碰到什么难题？我正在或正想做什么？这样做有益吗？我真正想要做的是什么？我该怎么做？

2.如何缓和性急

性急就是压力的表现，也是情绪不稳定的表征。性急的人容易使自己的健康受损，也会失去定力，失去理智。在生活中稍不如意都可以让我们心乱如麻，以致不屑与人交谈，或者对一般的生活情趣觉得难耐，或者对未完成的事局促难安；还有些人好争强斗胜，却输不起，易激怒。

消除性急的方法：给自己多一点时间，或割舍行程表中部分项目；向自己低语（别急！安抚心里头那个毛躁的孩子！）；哼一首曲子；休息。这些都有利于你让自己的心平静下来。

3.如何消除紧张

我们的紧张来自忙碌、竞争、工作效率。紧张时身体会出现异常反应：肌肉绷紧，手心发汗、血液化学平衡失调。因此要注意你的整体身心作用：你的行动、思想、感受、身体反应在交互作用影响，使紧张扩及你的身心和情绪表现。当你紧张时，你可以通过这样的方法改善自己的心理：净化法——静坐；运动法——松弛技术。

4.如何革除悲观

事实上我们的悲观是由于不当的思考习惯所造成。碰到挫折，能区别思考的人表现乐观，不能区别思考的人则表现悲观。

面对挫折时，乐观者认为那是暂时的、特定的、外在的原因；而悲观者则认为那是永久的、一般的、内在的原因。面对顺境时，乐观者与悲观者的思考模式正好相反。乐观者如有隔仓的船；悲观者如没有隔仓的船，容易在受挫时不停地进水而沉没。

要时时在心里提醒自己，要乐观一点看问题，凡事都有它积极的一面。找到事物中对你有益或者有所启发的东西。

5.如何排遣厌倦

长期承受压力使我们产生厌倦。你可以改变自己的环境，改变自己的观念，保持一个好心情。空虚也可使我们产生厌倦。应该拟订新目标或新的蓝图，或从事物中看出新的意义，跟积极的朋友交往，保持和谐的人际关系。

Part04
你的脾气要配得上你的本事

❤ 你的脾气要配得上你的志气

一个只有脾气没有志气的人，最终会一事无成。你可以没有脾气，但不能没有志气。你的脾气必须要配得上你的志气，志气决定前途，志气成就事业。

如果你不愿意成为一个可有可无的三流角色，不想这一辈子无所成就，那么就要树立你的志向。

不管你现在处于什么样的境地，不管你现在干什么，都要有志气、野心和胆量。如果你敢把手中的箭对准月亮，也许就会射中老鹰；如果敢把箭对准老鹰，也许就会射中兔子；但如果你什么也不敢射，就只能一无所获。志气决定前途，胆量成就事业。没有人喜欢一辈子平平庸庸，一辈子受人摆布。即使你的事业不能走到金字塔的最顶端，也不能停留在最底层，至少充满志气，敢想敢做，你就能不断地往高处走。

东京大学法律系毕业的大村文年，进入"三菱矿业"做了一名小职员。在公司为新人举行的欢迎会上，大村文年对一位与他同时进公司的同事说："看着吧，我将来一定会成为这家公司的总经理！"三十年后，大村文年以出色的业绩超过众多资深的干部与同事，在毫无派系的背景下，当上"三菱矿业"的总经理。

一个24岁的美国年轻人，同样自信地走进美国通用汽车公司应聘会计。人事主管告诉他，目前只有一个财务空缺，不过那个职位非常辛苦，一个新手很难应付。年轻人听完后毫不在乎地说："其实这算不了什么，它将是我未来工作的重要一部分。通用汽车公司会了解到我足以胜任所有职位的超人能力！"人事主管在聘用这位年轻人后，对他的秘书说："这小子不简单，我可能刚刚雇用了通用汽车公司未来的董事长！"想来这位人事主管看人是比较准的，这个年轻人就是自1981年起担任通用汽车董事长的罗杰·史密斯。罗杰·史密斯在通用公司的第一位朋友韦斯特回忆说："上班一个月后，罗杰一本正经地告诉我，他的奋斗目标就是成为通用汽车的总裁！"

你不能只知道发脾气，抱怨现实的不公，责怪上天不给你机会，重要的是你要有志气，要化脾气为志气。

只要你志气足够大，敢想敢干，就会想尽一切办法，发掘潜在的优势，将梦想照进现实。

只要你志气足够大，敢闯敢拼，无论生存在什么地方，都能够将想法转化为行动，闯出一番事业。

♡ 做个"野心家"又何妨

你的脾气要配得上你的野心。野心（这里指的是一种积极状态下的野心）可以使一个人的力量发挥到极至，可以逼得一个人献出一切去排除所有障碍，它们能使人全速前进而无后顾之忧。做人有时要保持着一种野心，不要把它们丢掉。

法国一位年轻人很穷，很苦。后来，他以推销装饰肖像画起家，在不到十年的时间里，迅速跃身到法国50大富翁之列，成为一位年轻的媒体大亨。不幸，他因患上前列腺癌，在医院去世。他去世后，法国的一份报纸刊登了他的一份遗嘱。在这份遗嘱里，他说：我曾经是一位穷人，在以一个富人的身份跨入天堂的门槛之前，我把自己成为富人的秘诀留下，谁若能通过回答"穷人最缺少的是什么"而猜中我成为富人的秘诀，他将能得到我的祝贺，我留在银行私人保险箱内的100万欧元，将作为睿智地揭开贫穷之谜的人的奖金，也是我在天堂给予他的欢呼与掌声。

遗嘱刊出之后，有48561个人寄来了自己的答案。这些答案五花八门，应有尽有。绝大部分人认为，穷人最缺少的当然是金钱了，有了钱，就不会再是穷人了。另有一部分认为，穷人之所以穷，最缺少的是机会，穷人之穷是穷在背时上面。又有一部分认为，穷人最缺少的是技能，一无所长所以才穷，只要有一技之长就能迅速致富。

在这位富翁逝世周年纪念日，他的律师和代理人在公证部门的监督下，打开了银行内的私人保险箱，公开了他致富的秘诀，他认为：穷人最缺少的是成为富人的野心。在所有的答案中，有一位年仅9岁的女孩猜对了。为什么只有这位9岁的女孩想到了穷人最缺少的是野心？在接受100万欧元的颁奖之日，她说："每次，我姐姐把她11岁的男朋友带回家时，总是警告我说不要有野心！不要有野心！于是我想，也许野心可以让人得到自己想得到的东西。"

谜底揭开之后，震动法国，并波及英美。一些新贵、富翁就在谈论此话题时，均毫不掩饰地承认：野心是永恒的"治穷"特效药。野心是所有奇迹的萌发点，穷人之所以穷大多是因为他们有一种无药可救的缺点，也就是缺少致富的野心。

英国新闻界的风云人物，伦敦《泰晤士报》的老板来斯乐辅爵士，在刚进入该报时他不满足于赚90元周薪的待遇，也不满足于人人称羡的《伦敦晚报》，最后当《每日邮报》已为他所有的时候，他还妄想取得《泰晤士报》，不过最后他终于达到了目的。

他一直看不起胸无大志的人，他曾对一个服务刚满三个月的助理编辑说："你满意你现在的职位吗？你现在每周50元的周薪吗？"当那位职员想了一下，答复说觉得满意，他马上把他开除，并很失望地说："你应了解，我不希望我的手下以每周50元的薪金便觉满足，而终止他前途的发展。"

做人是要点野心的，野心的鞭策是一种高度的自我激励手段，它提醒你永远要朝着伟大的目标迈进。强烈的成功愿望，有时候其实比任何成功秘诀都重要。

♥ 有点本事你要"秀"

一个只知埋头苦干、不知表现的人，极有可能默默无闻地在自己的岗位上呆一辈子，眼睁睁地看着机会从自己眼前溜过。在做好本职工作的同时，要适时"秀"一"秀"，让领导注意到自己，别让事情"白"做了。要懂得先让自己的领导注意到自己，再一步步让领导赏识你，乃至提拔你。晋升之路就是在爬梯子，你自己要看到梯子在哪里，也要学会让别人给你梯子往上爬。

刚入朝时，东方朔并不被汉武帝看重，于是他就哄骗宫中看守马圈的侏儒们说："皇上认为你们这些人对朝廷无用，耕田劳作体力不够，任职做官又不能治理政事，参军入伍也不会指挥作战，只会白白耗费衣食，如今想把你们全部杀掉。"侏儒们听说后十分害怕，哭了起来。东方朔又建议他们："皇上就要从这里经过，你们何不叩头谢罪？"

当汉武帝来到马圈，侏儒们都跪在地上，一边磕头，一边痛哭。汉武帝问清怎么回事后，非常生气，派人把东方朔召来，责问道："你胆敢制造谣言，该当何罪？"东方朔正等待着这个机会，于是振振有词地说："我活着也要说，死也要说。侏儒身高三尺，俸禄是一袋粟，钱是二百四十；臣东方朔身长九尺多，俸禄也是一袋粟，钱也是二百四十。侏儒饱得要死，臣却饿得要死。如果臣的话可以采用，请用厚礼待我；不采用，请让我回家，不要让我尸位素餐。"汉武帝听了哈哈大笑，赦免了他的罪过。不久后，东方朔就被提升了官职。

很多人在单位里像老黄牛一样默默耕耘了很多年，还是没有升迁的机会，有时不免抱怨上司太不够意思，没有多关照一下自己。其实，也许应该问问自己，有没有做过特别的工作给老板留下深刻的印象？有没有说过令老板都惊奇的话？等等，如果没有的话，那就不用抱怨什么了，因为你从来就不敢在老板面前展现自己与众不同的一面，老板事情那么多，自然很少会关注到你了。如果能够像东方朔一样，善于抓住时机，在上司面前表现自己，情况也许就不一样了。

不想当将军的士兵不是好士兵。要想出人头地，要让领导"注意"你，而后才有可能"重视"你。晋升之路通过领导实现，有"野心"的你千万不要太默默无闻了，一定要选择合适的时机"秀"出自己，只有敢"秀"，才可能成功。

♡ 信心一强，底气就强

某年夏天，一位叫林德曼的德国精神病学专家独自一人驾着一叶小舟驶向了波涛汹涌的大西洋。他在进行一项历史上从未有过的心理学试验，预备付出的代价是自己的生命。

林德曼博士认为，一个人只要对自己抱有信心，就能保持精神和肌体的健康。当时，德国举国上下都在注视着独舟横渡大西洋的悲壮冒险。已经先后有一百多位勇士驾舟横渡大西洋，结果均遭失败，无人生还。

林德曼博士认为，这些死难者不是从肉体上败下阵来的，主要是死于精神上的崩溃，死于恐怖和绝望。为了验证自己的观点，他不顾亲友们的反对，亲自进行了试验。

在航行中，林德曼博士遇到了难以想象的困难，多次濒临死亡。他的眼前甚至出现了幻觉，运动感也处于麻木状态，有时真有绝望之感。但只要这个念头一升起，他马上就大声自责："懦夫，你想重蹈覆辙、葬身此地吗？不，我一定能够成功！"生的希望支持着林德曼。最后，他终于成功了。

他在谈成功的体会时说："我从内心深处相信一定会成功，这个信念在艰难中与我自身融为一体，它充满了我身体的每一个细胞。"

林德曼的试验表明，人只要对自己不失望，充满自信心，精神就不会崩溃，就可能战胜困难而存活下来。

如果一个人不对自己失望，那么精神就永远不会崩溃。实际上，战胜困难要比打败自己相对容易，所以有人说："'我'是自己最大的敌人。"

战胜自己靠的是信心,人有了信心就会产生力量。人一旦有了意志的力量,就能战胜自身的各种弱点。

有两个人同时到医院去看病,并且分别拍了X光片。其中一个原本就生了大病,得了癌症,而另一个只是进行例行的健康检查。

但是由于医生取错了片子,结果给了他们相反的诊断。那一个病况不佳的人,听到医生说身体已恢复,满心欢喜,经过一段时间的调养,居然真的完全康复了。

而另一个本来没病的人,经过医生的宣判,内心起了很大的恐惧,整天焦虑不安,失去了生存的勇气,意志消沉,抵抗力也跟着减弱,结果还真的生了重病。

看到这则故事,真的是哭笑不得。因心理压力而得重病的人是该怨医生还是该怨自己?

乌斯蒂诺夫曾经说过:"自认命中注定逃不出心灵监狱的人,会把布置牢房当做唯一的工作。"以为自己得了癌症,于是便陷入不治之症的恐慌中,脑子里考虑更多的是后事,哪里还有心思寻开心,结果被自己打败。而真的癌症患者却用乐观的力量战胜了疾病,战胜了自己。

更多的时候,人们不是败给外界,而是败给自己。俗话说:"哀莫大于心死。"绝望和悲观是死亡的代名词,只有挑战自我、永不言败者才是人生最大的赢家。战胜自己就是最大的胜利。

我国游泳教练张健用五十个小时横渡渤海海峡成功了,成为世界上第一个连续游泳超过一百公里的人。然而,在这成功的背后,却曾经隐藏着失败的危机,张健在游至中程时也曾有过放弃的想法,但最终他战胜了自己，取得了胜利。

任何时候都应该信任独特的自己。世界上没有两片完全相同的树叶，人也是这样。每个人都是上帝的宠儿，都是独一无二的，所以我们应该相信自己。

我们每个人在世界上都是不可替代的。从生理学上讲，每个人都具有与众不同的特征，包含DNA、指纹等。从社会学上讲，每个人的社会关系也是与众不同的。所以，这个社会离不开每个人，我们应该自信。只有自信才能自强，只有自强才能扮演好自己的角色，不管是主角还是配角。

做别人做不到的事

在市场上竞争，要想超越别人而成功，要想成为最顶尖的，你就必须做别人做不到而且不敢做的事情。

迪士尼乐园的创办人迪士尼说："只要你能做别人做不到的事情，这样你就没有竞争对手，因为你做得到而他们做不到。"迪士尼能够成为全世界最大的儿童乐园，这就是它成功的原因。

成功者和失败者最大的差别就是他们行动的差别，他们做的事情不同，所以他们的结果不同。成功者与失败者做事情往往是相反的，所以你要成功就要做失败者不愿做的事。失败者不愿学习，所以你要学习；失败者不愿努力，所以你一定要努力；失败者不愿冒险，所以你一定要冒险。失败者不愿做什么事，你立刻去做，这是成功一个最简单的方法。然而大部分的人都是失败者，所以大部分人不愿做的事情请你赶快去做。

日本的西武酒店是全日本最大的酒店集团。一次有一个人见到西武的总裁，可是一看那个老总正在扫地，于是非常瞧不起他。他见到西武酒店的老板堤义明之后，就告诉堤义明说："你们酒店的老总也不怎么样，他到处在扫地。"

没想到，堤义明不但没有生气，反而自豪地告诉他说："这个老总会成功，他们公司的每位管理者都要做服务员的工作，每天他们不但要扫地，还要亲自去餐厅端盘子，这就是我们公司成功的秘诀。"

很多人都曾抱怨："成功实在太辛苦了。"

其实他们说的没错，成功非常辛苦，可是你想过吗？失败是更辛苦的。因为成功者辛苦一阵子，就能够帮助自己成功，然而失败者却要辛苦一辈子。从这个意义上讲，失败者的"毅力"比成功者更坚强，因为他们是在忍受一辈子。然而成功者往往不能忍受，所以他们才迫不及待地追求成功。

怕苦会苦一辈子的，不怕苦只会苦一阵子。可以说你如果能在一阵子当中把你一辈子能吃的苦都吃下去，接着你就开始享受成功的果实。然而如何快速浓缩你的苦一次吃完呢？就是不断地行动；不断地忍受失败；不断地忍受嘲笑；不断地接受被泼冷水；不断地接受打击，然后还能接着行动，这都是成功者在成功之前做的事情。

我们都知道美国知名的女明星麦当娜，她年轻时梦想要在美国成为摇滚明星，于是她想在好莱坞找一份表演工作。开始时她经济困窘，穿的衣服3个月没有换，天天在垃圾桶里面捡别人的剩菜吃，然后她找到了可以让她上台表演的工作，终于一夕成名，成为举世闻名的歌星。

让我们想一想，有几个人能为了成功好好的家不回而在外面捡垃圾吃？恐怕没有几个人能做到吧。这就是为什么成功者总是比失败者要稀有的原因。假如你真的想成功的话，请你先忍受一时的辛苦，拿出努力，大量行动。假如你还不愿采取行动帮助自己成功，那表示你还不是那么想成功。

想要成功，就要做别人不愿做的事情，先吃别人不愿吃的苦；假如想要失败的话，那么做什么都无所谓。你必须要选择成功或失败，做一个决定。所以成功和失败都是你自己的决定。

♥ 一身胆气，成就大事

人要有一种战胜自我的勇气，这才是最大的胆量，这才能创造出奇迹。由美国畅销书《心灵鸡汤》的作者汉森和权威理财专家艾伦合著的《一分钟百万富翁》，主张的是"激发心灵能量而理财致富"的观点，指出"穷人要翻身致富，只在一念之间"。

书中说，很多尚未晋升成为百万富翁的人，一想到理财致富，大多都有以下的念头："不可能的，除非中彩票！""我没有那个本事""别做梦了，哪有那种好运啊！""有谁这么好心会帮我呢？"……他们用这几个简单的借口来掩饰自己的懦弱。与穷人"不可能"的逻辑相反的是，富人会常常问自己："我肯定能得到，关键是怎样做才可以得到。"这就是富人和穷人最本质的差别所在。

"奥的利"集团的老总陈松虽然出生在一个十分贫穷的农村家

庭，但他从小就没将自己当成穷人，而是大胆战胜"穷人的我"，积极塑造"富人的我"。

刚满8岁的时候，他把平时积攒下来的零花钱买了一对长毛兔，放学之后就去割草喂它们。等兔毛长长，就剪下来，送到城里的收购站去卖。年末，他做了一件让全村人惊讶的事——买了全村第一只镶有17颗钻的钻石手表。

长大后，陈松为了实现创造财富、改变祖辈贫穷的儿时梦想，在困难面前从未退缩和畏惧，总是全身心地投入，用整个生命去为理想打拼。20世纪80年代初，他费尽心血地创办了当地的第一家运输公司。1990年，他转产办起了当地的第一家预制板厂。当预制板市场日趋饱和的时候，他又抽身而退，办起了当地的第一家川菜馆。1994年，当川菜馆渐渐多起来的时候，他又卖掉了川菜馆，投资建起了当地第一家塑料饮料瓶厂。

命运当然不会一帆风顺，1997年底，饮料瓶滞销。面对仓库里堆积如山的饮料瓶子，陈松放手一搏，决定自己做饮料。5年后，他从无到有，硬生生地在饮料市场上杀出一条血路来，他的饮料在国产品牌节节败退的窘境中挺立下来，5年之间，奇迹般地成就了一个10亿元的企业。

在市场经济的澎湃大潮下，有些人既渴望成功，又害怕失败，思前想后，始终不敢迈出实质性的一步，最后是自己打败了自己。

"胜人者力，胜己者强"，能战胜别人的人只是有力量，能战胜自我、超越自我的人才是真正的强者。要做一个商场上的成功者，首先要有战胜自我的勇气，敢于更新观念、转变思路，更要大胆行动，去勇敢地创造属于自己的未来。

做事靠胆、成事靠胆、成功靠胆，一个"胆"字蕴含了太多成功者的哲学，"胆"既是胆量，又是胆识，更是胆略。既要有政治家的视野，以高瞻远瞩的眼光统领全局，又要有投资家的头脑，知道做什么赚钱，做什么不赚钱。当然最重要的还要有军事家的胆魄，敢于冒险、果断出手，这才是能成功、能赚钱的真正有胆识的商人。

♡ 理直气壮地告诉世界：我能行

据国外的一项最新研究称：在遇到困难时，通过大喊大叫的方式，可以增强自信心，乃至激发出我们的潜能。

著名的网球运动员莎拉波娃在5岁时到莫斯科参加一项表演赛事。当时，在比赛期间主办方安排了一个类似"和明星打球"的儿童网球活动。在一大群孩子中，当时只有五岁的莎拉波娃一下子就吸引住了教练的眼球。几年后，当教练观看了莎拉波娃的一场比赛后，她明白了，这个小姑娘所拥有的并不只有过人的天赋。为什么？因为莎拉波娃从拿下第一分开始就旁若无人地大喊"Come on"给自己加油。

当在大满贯赛场上驰骋时，莎拉波娃的嘶喊经常会遭到对手的抗议，对此，莎拉波娃表示也很无奈，她说："当我事后在电视里听到自己的叫喊时，我也不喜欢这样，但我控制不住自己，从四岁开始我就会大喊大叫，这个习惯没办法改变。"

这种喊叫和她的潜能已经牢牢地联系在一起了。不只是在网球场上，在日本剑道比武中，选手们总是生气暴喝以壮其势；在跆拳道比赛中，运动员们口中喝声连连等。

事实上，莎拉波娃的这种喊叫很有作用。首先，它能"叫醒"大脑，刺激机体迅速进入兴奋状态；其次，凝神壮胆，有助于集中注意力和增强自信心。

生活中同样如此，部队训练要喊口号，集会时要喊口号，美国总选选举时要有竞选口号。

不论你从事什么工作，最重要的就是要建立信心。有了信心，才能使潜能发挥出来。经常赞美自己、欣赏自己，无形之中给了自己良好的激励，你的潜能也会被激发出来，让你取得成功。

信心不是我们人生不幸的开端。不要对自己心存怀疑，也不要对成功心存畏惧，大声地对世界说："我能行！"

♥ 怕就会输一辈子，有什么可怕的

在勇气面前，任何困难和挑战都是它的手下败将。

勇敢地面对挑战，像战士一样勇敢地面对工作中的一切艰难险阻，才是每一个年轻人应该具有的本色。

勇气，是通往成功的第一座桥梁。

每一个成功者都知道，在他们奋斗的过程中，绝对不可能是一帆风顺的。前进的道路上总会有暗礁险滩，会有狂风恶浪，当然也有不顺心、不如意的时候，也会存在无所适从，甚至胆怯的时候。但那或许只是一瞬间的事，他们从不会因此而退缩，更不会轻言放弃。

而没有勇气的人如一只"惊弓之鸟"，事业上、生活中的任何一点点风吹草动和坎坷磨难，对他来说都是一场浩劫，一场无可避免的灾难，都是足以令他们惶惶不可终日的巨大恐惧。

美国第一大汽车制造商——亨利·福特在取得成功之后，便成了众人羡慕的人物。有的人觉得他是由于生机勃勃，或者是得益于有影响的朋友的帮助，或者说他本身就是一个管理天才，或者他具有常人所认为的形形色色的"秘诀"——所以福特成功了。

事实上只要了解一下福特的行事风格，就可完全知悉他成功的秘诀。

多年前，亨利·福特决定改进著名的T型车的发动机的汽缸。他要制造一个具有铸成一体的八个汽缸的引擎，便指示工程人员去设计。可是，当时所有技术人员无不认为，要制造这样的引擎是不可能的。虽然面对老板，他们还是一口回绝了这样的"无理要求"。

听完技术人员的介绍后，福特没有气馁，他用无可反驳的语气说："无论如何要生产这种引擎。"

"但是，"他们回答道，"这是不可能的。"

"我是绝不相信任何不可能的。去工作吧！"福特命令道，"坚持做这件工作，无论要用多少时间，直到你们完成了这件工作为止。"

被他的气势感染，负责技术的员工只好去工作了。如果他们要继续做福特汽车公司的职员，他们就不能去做别的什么事。六个月过去了，工作没有任何进展。又过了六个月，他们仍然没有成功。这些技术人员愈是努力，这件工作就似乎愈是"不可能"完成。

在这一年的年底，福特咨询这些技术人员时，他们再一次向他报告他们无法实现他的命令。"继续工作。"福特义无反顾地说，"我需要它，我决心得到它。哪怕它是一只老虎，我也有勇气擒住它！"

最后的情形是怎样的呢？

在这种勇气面前，任何困难和挫折都成了它的手下败将。

当然，制造这种发动机不是完全不可能。后来这种发动机装到最好的汽车上了，使福特和他的公司把他们最有力的竞争者，远远地抛到了后面。

福特的勇气给了技术人员必然成功的心态。他的勇气也让参与研制开发的人员没有任何退路可走。"置之死地而后生"，他们只能孤注一掷，只能成功。

敢于应对挑战的人就是在这样的情形下，把一个个奇迹变成了现实，把一个个不可能变为了可能。

请记住：勇者无畏，才会无往而不胜。一个人做事就是要具有福特那样的气概，怀有非凡的勇气、决不罢休的气势，在人生战场上劈波斩浪。

♥ 让将来的你，感谢现在拼命的自己

有位太太请了一个油漆匠到家里粉饰墙壁。油漆匠一走进门，看到她的丈夫失去了双腿，顿时心怀怜悯。可是男主人一向开朗乐观，油漆匠在那里工作的那几天，他们谈得很投机。油漆匠也从未提起男

主人的缺憾。

工作完毕，油漆匠取出账单，那位太太发现在原先谈妥的价钱上打了一个很大的折扣。她问油漆匠："怎么少这么多呢？"油漆匠回答说："我跟你先生在一起觉得很快乐，他对人生的态度，使我觉得自己的境况还不算最坏，所以减去了那一部分，算是我对他表示一点谢意，因为他使我发现原来自己的生活是这么幸福。"油漆匠的这番话使那位太太流下眼泪，因为这个油漆匠也只有一只手。

江灿腾1946年出生在台湾桃园大溪，是当地富裕望族之后。他的父亲听信了算命师的一句话——活不过三十五岁，短短几年内，荒唐地败光家产，以享受人生。不过，老天可没让他如愿，过了三十五岁，江灿腾的父亲仍旧活得好好的！江家自此陷入困境，江灿腾也因此而辍学，开始打零工贴补家用。他做过水泥小工、店员、工友等，尝尽人生冷暖。可他并不甘于当一名小工人，后来他考入飞利浦公司，自学通过国中、高中的同等学历考试，并于三十二岁考上师大历史系夜间部，自此踏上学术研究之路，于五十四岁时拿到台大史学博士。

从工人到博士，江灿腾在家变、失学、童工剥削、失恋、癌症折磨等不顺遂中，找到了生命的价值，在生与死之间坚定了人生的信念。

约翰·梅杰被称为英国的"平民首相"。这位笔锋犀利的政治家是白手起家的典型。他是一位杂技师的儿子，十六岁时就离开了学校。他曾因算术不及格未能当上公共汽车售票员，饱尝了失业之苦，但这并没有压垮年轻的梅杰。这位能力十足、具有坚强信心的小伙子终于靠自己的努力摆脱了困境。经过外交大臣、财政大臣等八个政府职务的锻炼，他终于当上了首相，登上了英国的权力之巅。有趣的是，他也是英国唯一领取过失业救济金的首相。

巴尔扎克说："挫折和不幸，是天才的进身之阶、信徒的洗礼之水、能人的无价之宝、弱者的无底深渊。"面对生活中的诸多坎坷和不幸，强者相信奋斗，首先战胜自己；弱者则屈服于自己，只能去相信命运。

人的一生绝不可能是一帆风顺的，有成功的喜悦，也有无尽的烦恼；有波澜不兴的坦途，更有布满荆棘的坎坷与险阻。当苦难的浪潮向我们涌来时，我们惟有与命运进行不懈的抗争，才有希望看见成功女神高擎着的橄榄枝。

古人云："天将降大任于斯人也，必先苦其心志，劳其筋骨，饿其体肤，空乏其身，行拂乱其所为，所以动心忍性，增益其所不能。"苦难是锻炼人意志的最好的学校。与苦难搏击，它会激发你身上无穷的潜力，锻炼你的胆识，磨练你的意志。也许，身处苦难之时你会倍感痛苦与无奈，但当你走过困苦之后，你会更加深刻地明白：正是那份苦难给了你人格上的成熟和伟岸，给了你面对一切无所畏惧的能力，以及与这种能力紧密相连的面对苦难的心态。

把困难当作机遇，把命运的折磨当作人生的考验，把今天的苦楚寄希望于明天的甘甜，这样的人，即便是上帝对他也无能为力。

正能量情绪修习课：建立自信4途径

才智与勇气是成功的两个要件，缺一不可，想要取得成功，必须两者兼备，有了智谋还要加上冒险的勇气，彻底实践才可能使美梦成真。想要比人早一步成功，就要比人早一步去冒险。

激发自己的勇气和胆气，靠自己创造成功，应该从以下几个方面着手：

1.制定一份"自我独立宣言"

树立独立的人格，培养自主的行为习惯。用坚强的意志约束自己，有意识地摆脱对其他的同事和领导的依赖，同时自己要开动脑筋，把要做的事的得失利弊考虑清楚，心里就有了处理事情的主心骨，也就敢于独立处理事情了。

2.树立人生的使命感和责任感

一些没有使命感和责任感的人，生活懒散，消极被动，常常跌入依赖的泥坑。而具有使命感和责任感的人，都有一种实现抱负的雄心壮志。他们对自己要求严格，做事认真，不敷衍了事、马虎草率，具有一种主人翁精神。这种精神是与依赖心理相悖逆的。选择了这种精神，你就选择了自我的主体意识，就会因依赖他人而感到羞耻。

3.不要太依赖外界的帮助

当你遇到困难时，不要轻易向别人求援或接受他人的帮助，要充满信心去实践自己的主张。

4.消除身上的惰性

要消除惰性，就得锻炼自己的意志。处理事情的时候，要果敢向前，说做就做，该出手时就出手；还得有灵活的头脑，要善于思考，勤于思考。

5.敢于尝试会赢得成功的机会

莎士比亚说："本来无望的事，大胆尝试，往往能成功。"大胆尝试常常会带给你更多的机会。许多人之所以怯懦，无非就是怕失败。但越怕就越不敢行动，越不敢行动就又越怕，一旦陷入这种恶性循环之中，怯懦不免就加深了。应该懂得：越是感到怯懦的事越要大胆去做，只有你大胆去做，你才能战胜内心的怯懦。

Part05
一个人要有把生活过淡的本事

♡ 心无杂念，心舒气顺

老子强调清静无为，反映在精神修炼上就是清心寡欲。所谓清心，就是思想清静安宁而无杂念；寡欲，就是不要有过多的欲望，对不良的私欲要节制。道家认为，一个人私欲、杂念太多，精神就要受到煎熬，就会心烦意乱发脾气，就不能长生久视。

很多时候，当我们处在困窘的处境中，似乎会有更多的渴望，然而，太多不切实际的杂念，也往往是我们登上人生顶峰的最大阻碍。

蒙克夫是一位国际著名的登山家，他曾经在没有携带氧气设备的情况下，成功地征服了海拔6500米以上的高峰，这其中还包括了世界第二高峰——乔戈里峰。

其实，许多登山高手都以不带氧气瓶而能登上乔戈里峰为第一目标。但是，几乎所有的登山好手来到海拔6500米处，就无法继续前进了，因为这里的空气变得非常稀薄，几乎令人感到窒息。

因此，对登山者来说，想靠自己的体力和意志，独立征服8611米的乔戈里峰峰顶，确实是一项极为严峻的考验。

然而，蒙克夫却突破障碍做到了，他在事后举行的记者招待会上，说出了这一段历险的过程。蒙克夫认为，在突破海拔6500米的登山过程中，最大的障碍是心里各种翻腾的欲念。

因为，在攀爬的过程中，任何一个小小的杂念，都会让人松懈意念，转而渴望呼吸氧气，慢慢地让人失去冲劲与动力，而"缺氧"的念头也会开始产生，最终让人放弃征服的意志，接受失败。

蒙克夫说："想要登上峰顶，首先，你必须学会清除杂念，脑子里杂念愈少，你的需氧量就愈少；你的欲念愈多，你对氧气的需求便会愈多。所以，在空气极度稀薄的情况下，想要登上顶峰，你就必须排除一切欲望和杂念！"

与此类似的是佛门中的高僧大师，虽然常年吃素，饮食简单，过午不食——每天只吃两餐甚至一餐，但身心健康，精力充沛，寿命高于常人。奥秘何在？其中最重要的一点，也正在于排除一切欲望和杂念，身心安定、清净、祥和。身心清净，没有欲望和杂念的干扰，能量的消耗就会降到最低限度。

自然的东西，有的可以改变，有的却不能改变。比如，如果请你举起你的手，你很容易做到，可如果要你改变你的心跳，你能做到吗？回答是否定的。是的，我们不能改变自己的心跳，同样，我们也不能轻易消除掉这些"杂念"，但我们能改变自己的行为，我们能控制的也只有自己的行为。面对"杂念"，我们不能像对待敌人一样，想千方百计地将它消除掉，而应该将它看成是自己的一部分，学会去接纳它，理解它，学会与它共处。

我们绚丽的人生就像是一个大花园，我们不可能没有欲望和杂念，就像花园里不可能没有杂草一样。如果我们任杂草生长而不去理会，那么再美的花园也会因此而荒芜。同样的道理，如果我们不懂得去除人生的各种杂念，那么我们就会慢慢地偏离我们最初的人生目标，甚至可能越走越远。

所以，凡事以平常心去面对，而且要记得定期给自己的人生的大花园除草。

❤ 心若向阳，无畏悲伤

人生在世，虽然只有短短几十年，却要经历各种好事、坏事，尝遍酸甜苦辣各种滋味。

生活是美好而沉重的。人生，是有苦又有乐的，是丰富多彩又艰难曲折的，就像白天与黑夜的互相交替一般。快乐时"春风得意马蹄疾，一日看尽长安花"，快乐的人连路边的鸟儿都在为他歌唱，花儿都似专为他开放。痛苦时，落日西风，万念俱灰，睡梦中也在滴泪。

人总是避苦求乐的，都希望快乐度过每一天，但生活本身就充满酸甜苦辣，快乐和痛苦本是同根生。当你快乐时，不妨留一片空间，以接纳苦难；当你痛苦，不妨想到往昔的快乐。

心往好处想，才能帮我们冲破环境的黑暗，打开光明的出路，才能获得更多更大的人生乐趣。在困顿、苦难面前，一味哭丧着脸，除了磨掉自己的锐气外，是不会赚到任何同情的眼泪的。只有颤抖于寒冷中的人，最能感受到太阳的温暖；也只有从痛苦的环境中摆脱出来，才会深深感觉到这个世界的美好。就像火车过隧道，即使在黑暗中，也要看到前方的光明。

曾经有两个囚犯，从狱中望窗外，一个看到的是冷森的高墙，一个看到的是喷薄的朝霞。面对同样的遭遇，前者心中悲苦，看到的自然是满目苍凉、了无生气；而后者心往好处想，看到的自然是霞光满天，一片光明。

人生的道路虽然不同，但命运对每个人都是公平的。窗外有土也有星，有快乐也有痛苦，就看你能不能抱定青山不放松，心往好处想。

哈佛大学的一位心理学教授蓝姆·达斯曾讲过这样一个故事：

一个因病入膏肓，仅剩数周生命的妇人，整天思考死亡的恐怖，心情坏到了极点。蓝姆·达斯去安慰她说："你是不是可以不要花那么多时间去想死，而把这些时间用来考虑如何快乐度过剩下的时间呢？"

他刚对妇人说时，妇人显得十分恼火，但当她看出蓝姆·达斯眼中的真诚时，便慢慢地领悟着他话中的诚意。"说得对，我一直都在想着怎么死，完全忘了该怎么活了。"她略显高兴地说。

一个星期之后，那妇人还是去世了，她在死前充满感激地对蓝姆·达斯说："这一个星期，我活得比前一阵子幸福多了。"

"苦乐无二境，迷误非两心"，妇人学会了心往好处想，所以在离开人世前仍能感到一丝幸福，快乐地合上双眼；如果她仍像以前一样，一味想死，那只能是痛苦地离开人世。

心往好处想，不论何时，不论何事，只要活着，就要心往好处想。人生可以没有名利、金钱，但必须拥有美好心情。

心往好处想，在寒冷的冬天想到暖意盎然的春天。

♡ 心如止水的境界

钱钟书先生把婚姻比作围城，城里的人往外挤，城外的人往里挤。其实人生又何尝不是如此呢？身居繁华都市的人，往往追求寂寞平静的田园生活；而身在林深竹海的乡人，却又很是向往灯红酒绿的都市生活。

其实，平静是福，真正生活在喧嚣吵闹的都市中的人们，可能更懂得平静的弥足珍贵。与平静的生活相比，追逐名利的生活是多么不值得一提。平静的生活是在真理的海洋中，在争流波涛之下，不受风暴的侵扰，保持永恒的安宁。

心灵的平静是智慧美丽的珍宝，它来自于长期、耐心的自我控制。心灵的安宁意味着一种成熟的经历以及对于事物规律的不同寻常的了解。

人人向往平静，然而，生活的海洋里因为有名誉、金钱、房子等各种诱惑在"兴风作浪"而难得宁静。许多人整日被自己的欲望所驱使，好像胸中燃烧着熊熊烈火一样。一旦受到挫折，一旦得不到满足，便好似掉入寒冷的冰窖中一般。生命如此大喜大悲，哪里有平静可言？人们因为毫无节制的狂热而骚动不安，因为欲望不加控制而浮沉波动。只有明智之人，才能够控制和引导自己的思想与行为，才能够控制心灵所经历的风风雨雨。

是的，环境影响心态，快节奏的生活，无节制地对环境的污染和破坏，以及令人难以承受的噪声等等都让人难以平静，环境的搅拌机随时都能把人们心中的平静撕个粉碎，让人遭受浮躁、烦恼之苦。然而，生命的本身是宁静的，只有内心不为外物所惑，不为环境所扰，才能做到像陶渊明那样身在闹市而无车马之喧，而有了所谓的"心远地自偏"。

一个人如果能丢开杂念，就能在喧闹的环境中体会到内心的平静。

有一个小和尚，每次坐禅时都幻觉有一只大蜘蛛在他眼前织网，无论怎么赶都不走，他只好求助于师父。师父就让他坐禅时拿一支笔，等蜘蛛来了就在它身上画个记号，看它来自何方。小和尚照师父交代的去做，当蜘蛛来时他就在它身上画了个圆圈，蜘蛛走后，他便安然入定了。

当小和尚做完功一看，却发现那个圆圈在自己的肚子上。原来困扰小和尚的不是蜘蛛，而是他自己，蜘蛛就在他心里，因为他心不静，所以才感到难以入定，正像佛家所说："心地不空，不空所以不灵"。

平静是一种心态，是生命盛开的鲜花，是灵魂成熟的果实。平静在心，在于修身养性，平静无处不在，只要有一颗平静之心。追求平静者，便能心胸开阔，不为诱惑所拢，坦荡自然。

平静是一种幸福，它和智慧一样宝贵，其价值胜于黄金。真正的平静是心理的平衡，是心灵的安静，是稳定的情绪，是谦和的脾气。

♡ 生活中，有些事是需要淡忘的

在人生旅途中，我们可能会遇到坎坷和不幸，如竞争的失败、家道的中落、不测的病痛和突发的灾难；可能会遇到无端的误解和不公允的际遇；可能会有名利得失和荣辱毁誉；可能会有历史的伤痕和岁月的沧桑；可能会听到无中生有的流言蜚语，捕风捉影、飞短流长的小道新闻……

　　如果一切都是不可避免的，那我们不妨挥一挥衣袖，学会淡忘，淡忘所有应该淡忘的一切。淡忘功名利禄，那将使你不会高高在上，不会拥有那种孤独的高处不胜寒的悲凉；淡忘曾经的痛楚，那将有助于你寻找到另一份真正属于自己的幸福；淡忘曾经的仇恨，那将帮助你开辟另一条通往成功的大道；淡忘曾经的成功，那将有助于把你带往人生新的高峰。

　　让我们来看看学会淡忘是如何带给我们收获的。

　　1858年，瑞典的一个富豪人家生下了一个女儿。然而不久，孩子染患了一种无法解释的瘫痪症，丧失了走路的能力。

　　一次，女孩和家人一起乘船旅行。船长的太太给孩子讲船长有一只天堂鸟，她被太太对这只鸟的描述迷住了，极想亲自看一看。于是保姆把孩子留在甲板上，自己去找船长。孩子耐不住性子等待，她要求船上的服务生立即带她去看天堂鸟。那服务生并不知道她的腿不能走路，而只顾带着她一道去看那只美丽的小鸟。奇迹发生了，孩子因为过度地渴望，竟忘我地拉住服务生的手，慢慢地走了起来。从此，孩子的病便痊愈了。女孩子长大后，又忘我地投入到文学创作中，最后成为第一位荣获诺贝尔文学奖的女性，她就是茜尔玛·拉格萝芙。

　　淡忘是获得快乐、走向幸福的一条捷径，淡忘烦恼、淡忘名利、淡忘纠纷、淡忘挫折，淡忘让自己烦恼生气的事情，人才会超越自身的束缚，释放出最大的能量。

　　生命在不断地延续，淡忘也会成为一种衰老的必然，我们无法抗拒，无法逃避。有时想想如果真的一切都能淡忘，也未必不是一种庆幸，至少麻烦有来也会有消退，乌云便会随风而散。

　　我们还是应该学着淡忘，让自己洒脱一点，让生命更有色彩。

♡ 放得下，想得开，脾气好

两个和尚一道到山下化斋，途经一条小河，两个和尚正要过河，忽然看见妇人站在河边发愣，原来妇人不知河的深浅，不敢轻易过河。年纪比较大的和尚立刻上前去，把那个妇人背过了河。两个和尚继续赶路，可是在路上，那个年纪较大的和尚一直被另一个和尚抱怨，说作为一个出家人，怎么背个妇人过河，甚至又说了一些不好听的言语。年纪较大和尚一直沉默着，最后他对另一个和尚说："你之所以到现在还喋喋不休，是因为你一直都没有在心中放下这件事，而我在放下妇人之后，同时也把这件事放下了，所以才不会像你一样烦恼。"

放下是一种觉悟，更是一种心灵的自由。

只要你不把闲事常挂在心头，你的世界将会是一片风光霁月，快乐自然愿意接近你！

其实，生活原本是有许多快乐的，只是我辈常常自生烦恼，"空添许多愁。"许多事业有成的人常常有这样的感慨：事业小有成就，但心里却空空的。好像拥有很多，又好像什么都没有。总是想成功后坐豪华邮轮去环游世界，尽情享受一番。但真正成功了，仍然没有时间没有心情去了却心愿。因为还有许多事情让人放不下……

对此，台湾作家吴淡如说得好：好像要到某种年纪，在拥有某些东西之后，你才能够悟到，你建构的人生像一栋华美的大厦，但只有硬件，里面水管失修，配备不足，墙壁剥落，又很难找出原因来整修，除非你把整栋房子拆掉。你又舍不得拆掉。那是一生的心血，拆掉了，所有的人会不知道你是谁，你也很可能会不知道自己是谁。

仔细咀嚼这段话，其中的味道，我辈不就是因为"舍不得"吗？

很多时候，我们舍不得放弃一个放弃了之后并不会失去什么的工作，舍不得放弃已经走出很远很远的种种往事，舍不得放弃对权力与金钱的角逐……于是，我们只能用生命作为代价，透支着健康与年华。不是吗？现代人都精于算计投资回报率，但谁能算得出，在得到一些自己认为珍贵的东西时，有多少和生命休戚相关的美丽像沙子一样在指掌间溜走？而我们却很少去思忖：掌中所握的生命的沙子的数量是有限的，一旦失去，便再也捞不回来。

"要眠即眠，要坐即坐"，是多么自在的快乐之道啊，倘使你总是"吃饭时不肯吃饭，百种需索，睡眠时不肯睡，千般计较"，这样放不下，你又怎能快乐呢？

庄子云："人生如白驹过隙。"哲人的结论难道不能使人有些启迪么？我辈何不提得起，放得下，想得开，做个快乐的自由人呢？

只要人活着，生活还是生活，每一天都是我们要闯过去的河，如果你怨恨失败，你就会在怨恨中后悔一生。生活中，你自己除了会被自己打败，别人永远击不垮你。人生下来就有一副铮铮铁骨，只是有的人被人生中的困难磨平压垮，有的人则炼就得更加坚韧挺拔。如果我们能调整好心态，能把自己的人生视如一个奋斗不息、勇往直前的过程，我们就会对生活充满希望。这就要做到：拿得起，放得下。

试想：一个什么都能拿得起、放得下的人，哪里还会为生活中的烦恼之事生气、发脾气呢？

💗 内心宁静，百气不生

一个皇帝想要整修在京城里的一座寺庙，他派人去找技艺高超的设计师，希望能够将寺庙整修得美丽而又庄严。

后来有两组人员被找来了，其中一组是京城里很有名的工匠与画师，另外一组是几个和尚。

由于皇帝不知道到底哪一组人员的手艺比较好，于是他就决定给他们机会作一个比较。

皇帝要求这两组人员，各自去整修一个小寺庙，而这两个组互相面对面。三天之后，皇帝要来验收成果。

工匠们向皇帝要了一百多种颜色的颜料，又要了很多工具；而让皇帝很奇怪的是，和尚们居然只要了一些抹布与水桶等简单的清洁用具。

三天之后，皇帝来验收。

他首先看了工匠们所装饰的寺庙，工匠们敲锣打鼓地庆祝工程的完成，他们用了非常多的颜料，以非常精巧的手艺把寺庙装饰得五颜六色。

皇帝很满意地点点头，接着回过头来看看和尚们负责整修的寺庙，他一看之下就愣住了，和尚们所整修的寺庙没有涂上任何颜料，他们只是把所有的墙壁、桌椅、窗户等等都擦拭得非常干净，寺庙中所有的物品都显出了它们原来的颜色，而它们光亮的表面就像镜子一般，无瑕地反射出从外面映来的色彩，那天边多变的云彩、随风摇曳的树影，甚至是对面五颜六色的寺庙，都变成了这个寺庙美丽色彩的一部分，而这座寺庙只是宁静地接受这一切。

皇帝被这庄严的寺庙深深地感动了，当然我们也知道最后的胜负了。

我们的心就像是一座寺庙，我们不需要用各种精巧的装饰来美化我们的心灵，我们需要的只是让内在原有的美，无瑕地显现出来。

如果你珍爱生命，请你修养自己的心灵。人总有一天会走到生命的终点，金钱散尽，一切都如过眼云烟，只有精神长存世间。

在纷纷扰扰的世界上，心灵当似高山不动，不能如流水不安。居住在闹市，在嘈杂的环境之中，不必关闭门窗，任它潮起潮落，风来浪涌，我自悠然如局外之人，没有什么能破坏心中的凝重。身在红尘中，而心早已出世，在白云之上。又何必"入山唯恐不深"呢？关键是你的心。

心灵是智慧之根，要用知识去浇灌。胸中贮书万卷，不必人前卖弄。"人不知而不愠，不亦君子乎？"让知识真正成为心灵的一部分，成为内在的涵养，成为包藏宇宙、吞吐天地的大气魄。只有这样，才能运筹帷幄之中，决胜千里之外，才能指挥若定挥洒自如。

修养心灵，不是一件容易的事，要用一生去琢磨。心灵的宁静，是一种超然的境界！高朋满座，不会昏眩；曲终人散，不会孤独；成功，不会欣喜若狂；失败，不会心灰意冷。坦然迎接生活的鲜花美酒，洒脱面对生活的刀风剑雨，还心灵以本色。

内心宁静，百气不生。内心宁静，万事皆顺。

♡ 别人有美丽花园，我有快乐家园

不必羡慕别人的美丽花园，因为你也有自己的乐土，也许你的花不如别人的漂亮名贵，但是你的花可能给人类提供更多观赏以外的价值，这便是别人的花没有的优势。

一位挑水夫，有两个水桶，分别吊在扁担的两头，其中一个水桶有裂缝，另一个则完好无缺。在每趟长途的挑运之后，完好无缺的水桶，总是能将满满一桶水从溪边送到主人家中，但是有裂缝的水桶到达主人家时，却只剩下半桶水。

两年来，挑水夫就这样每天挑一桶半的水到主人家。当然好水桶对自己能够送整桶水很感自豪。破水桶呢？对于自己的缺陷则非常羞愧，它为自己只能负起责任的一半感到非常难过，它特别羡慕好水桶的完整。

它终于忍不住了，在小溪旁对挑水夫说："我很惭愧，必须向你道歉。""为什么呢？"挑水夫问道，"你为什么觉得惭愧？"

"过去两年，因为水从我这边一路地漏，我只能送半桶水到你主人家，我的缺陷，使你做了全部的工作，却只收到一半的成果。"破水桶说。挑水夫替破水桶感到难过，他说："我们回主人家的路上，我要你留意路旁盛开的花朵。"

果真，他们走在山坡上，破水桶眼前一亮，看到缤纷的花朵开满路的一旁，沐浴在温暖的阳光之下，这景象使它开心许多!但是，走到小路的尽头，它又难受了，因为一半的水又在路上漏掉了!破水桶再次向挑水夫道歉，挑水夫说："你有没有注意到小路两旁，只有你的那一边有花，好水桶的那一边却没有开花呢？我明白你有缺陷，因此我善加利用，在你那边的路旁撒了花种，每回我从溪边回来，你就替我浇了一路花!"

"两年来，这些美丽的花朵装饰了主人的餐桌。如果你不是这个样子，主人桌上也没有这么好看的花朵了!"

命运赐给我们欢乐和机遇，同时也给了我们缺憾与苦难，我们没有必要怨天尤人，更不必以偏概全、畏缩自卑。用豁达、宽容的态度对待生活，就会减少许多无奈与烦恼，多一些欢乐与阳光。唯有如此，才能做命运的主人。

每个人都有自己存在的价值，你羡慕别人的生活比你快乐吗？你认为他的日子过得比你好吗？然而，你看过他们生活中的另一面吗？

在河的两岸，分别住着一个和尚与一个农夫。

和尚每天看着农夫日出而作，日落而息，生活看起来非常充实，令他相当羡慕。而农夫也在对岸，看见和尚每天都是无忧无虑地诵经、敲钟，生活十分轻松，令他非常向往。因此，在他们的心中产生了一个共同念头："真想到对岸去！换个新生活!"

有一天，他们碰巧见面了，两人商谈一番，并达成交换身份的协议，农夫变成和尚，而和尚则变成农夫。

当农夫来到和尚的生活环境后，这才发现，和尚的日子一点也不好过，那种敲钟、诵经的工作，看起来很悠闲，事实上却非常烦琐，每个步骤都不能遗漏。更重要的是，僧侣刻板单调的生活非常枯燥乏味，虽然悠闲，却让他觉得无所适从。

于是，成为和尚的农夫，每天敲钟、诵经之余都坐在岸边，羡慕地看着在彼岸快乐工作的其他农夫。

　　至于做了农夫的和尚，重返尘世后，痛苦比农夫还要多，面对俗世的烦忧、辛劳与困惑，他非常怀念当和尚的日子。

　　因而他也和农夫一样，每天坐在岸边，羡慕地看着对岸步履缓慢的其他和尚，并静静地聆听彼岸传来的诵经声。

　　这时，在他们的心中，同时响起了另一个声音："回去吧！那里才是真正适合我们的生活！"

　　不必羡慕别人的笑容，那也许只是苦中作乐或是强颜欢笑。我们总是习惯于羡慕别人，但很少有人想到羡慕自己。也许，只有懂得羡慕自己的人，才是真正值得羡慕的人。

　　一个人来到这个世界上总有许多值得别人羡慕的地方，即使处在人生的低潮亦然如此。比如我们现在的学习非常累，但我们为了理想而奋斗，生活很充实；一个人事业受挫了，但他还有成功的机会；一个人下岗了，但他还有健康的体魄，一切可以从头开始。和那些更不幸的人相比，这一切太值得羡慕了，也太应该珍惜。

♡ 简单点儿，再简单点儿

　　在这个纷繁复杂的社会中，我们感到活得实在太累了。一道道人生难题摆在我们的面前，需要我们去破译，去求证，去解答，去挣扎。一个人的智慧和力量毕竟是有限的，面对一张生活的大网和一团乱麻的人生，我们往往显得力不从心，甚至有一种贫血的感觉。现代人的生活到处都充斥着金钱、功名、利欲的角逐，到处都充斥着新奇和时髦的事物。被这样复杂的生活所牵扯，我们能不疲惫吗？

人生本来有很多种选择，也有很多种活法，但我们往往过于追求完美，把原本很简单的事情搞得复杂化，因而常常被弄得很苦很累很浮躁。比如，同是生命的个体，本是相互平等，却非要仰人鼻息，察人脸色，揣人心事，日子过得诚惶诚恐、没滋没味。本来是很容易处理的一件事，却总是谨慎有余，小心翼翼，生怕因此触动了那张敏感的关系网。面临人生途中的一些选择，我们本不需要动太多脑筋，却非得瞻前顾后、左顾右盼一番不可，结果丧失了最佳时机，到头来后悔不迭……

其实，有很多小事是我们自己夸大了它，有许多简单的问题被我们附加了很多不必要的步骤而变得复杂起来。

作家荷马·克罗伊讲了一个他自己的故事。过去他在写作的时候，常常被纽约公寓热水灯的响声吵得快要发疯了。后来，有一次我和几个朋友出去露营，当我听到木柴烧得很旺时的响声，我突然想到：这些声音和热水灯的响声一样，为什么我会喜欢这个声音而讨厌那个声音呢？回来后我告诫自己：火堆里木头的爆裂声很好听，热水灯的声音也差不多。我完全可以蒙头大睡，不去理会这些噪声。结果，头几天我还注意它的声音，可不久我就完全忘记了它。很多小忧虑也是如此。我们不喜欢一些小事，结果弄得整个人很沮丧。其实，我们都夸张了那些小事的重要性。

梭罗有一句名言感人至深："简单点儿，再简单点儿！奢侈与舒适的生活，实际上妨碍了人类的进步。"当生活需要简化到最低限度时，生活反而更加充实。因为我们已经无须为了满足那些不必要的欲望而使心神分散。简单不是粗陋，不是做作，而是一种真正的大彻大悟之后的升华。

简单地做人，简单地生活，想想也没什么不好。金钱、功名、出人头地、飞黄腾达，当然是一种人生。但能在灯红酒绿、推杯换盏、斤斤计较、欲望和诱惑之外，不依附权势，不贪求金钱，心静如水，无怨无争，拥有一份简单的生活，不也是一种很惬意的人生吗？

淡定人生，云卷云舒

人的一生就像一趟旅行，沿途中有数不尽的坎坷泥泞，但也有看不完的春花秋月。如果我们的心总是被灰暗的风尘所覆盖，干涸了心泉、黯淡了目光、失去了生机、丧失了斗志，我们的人生轨迹岂能美好？如果我们给自己一面心灵的旗帜，保持一种健康向上的心态，即使我们身处逆境，四面楚歌，也一定能看到未来的美景。

有一位虔诚的佛教信徒，每天都从自家的花园里采撷鲜花到寺院供佛。一天，当她正送花到佛殿时，碰巧遇到无德禅师从法堂出来，无德禅师欣喜地说道："你每天都这么虔诚地来以香花供佛，依经典的记载，常以香花供佛者，来世当得庄严相貌的福报。"

信徒非常欢喜地回答道："这是应该的，我每天来寺礼佛时，自觉心灵就像洗涤过似的清凉，但回到家中，心就烦乱了。我是一个家庭主妇，如何在喧嚣的城市中保持一颗清净纯洁的心呢？"

无德禅师反问道："你以鲜花献佛，相信你对花草总有一些常识，我现在问你，你如何保持花朵的新鲜呢？"

信徒答道："保持花朵新鲜的方法，莫过于每天换水。"

无德禅师道："保持一颗清净纯洁的心，其道理也是一样，我们的生活环境像瓶里的水，我们就是花，唯有不停净化我们的身心，变化我们的气质，并且不断地忏悔、检讨、改进陋习、缺点，才能不断吸收到大自然的食粮。"

信徒听后，欢喜作礼感谢道："谢谢禅师的开示，希望以后有机会亲近禅师，过一段寺院中禅者的生活，享受晨钟暮鼓，菩提梵唱的宁静。"

无德禅师道："你的呼吸便是梵唱，脉搏跳动就是钟鼓，身体便是庙宇，两耳就是菩提，无处不是宁静，又何必等机会到寺院中生活呢？"

每个人都想求内心的澄澈，然而，其中的含义有几个人真正的知道？是问心无愧，晚上不做噩梦，还是一生一世对别人的欠疚？

国王提出一大笔赏金，看谁画得出最能代表平静祥和的意象。很多画家将自己的作品送到皇宫，有的画了黄昏森林，有的画了宁静的河流，小孩在沙地上玩耍，彩虹高挂天上，还有沾了几滴露水的玫瑰花瓣。

国王亲自看过每件作品，最后只选出两件。

第一件作品画了一池清幽的湖水，周遭的高山和蓝天倒映在湖面上，天空点缀了几抹白云。仔细看的话，还可以看到湖的左边角落有座小屋，打开一扇窗户，烟囱有炊烟袅袅升起，表示有人在准备晚餐，菜色简单却美味可口。

第二幅画也画了几座山，山形阴暗嶙峋，山峰尖锐孤傲。山上的天空漆黑一片，闪电从乌云中落下，降下了冰雹和暴雨。这幅画和其他作品格格不入，不过如果仔细地看，可以看到险峻的岩石堆中有个小缝，里面有个鸟窝。尽管身旁风狂雨暴，小燕子还是平静地蹲在窝里。

国王将朝臣召唤过来，将首奖颁发给第二幅画，他的解释是："能让人即使身处逆境也能维持心中一片清澄，是人生的真谛。"

如果你珍爱生命，请你修养自己的心灵。人总有一天会走到生命的终点，金钱散尽，一切都如过眼云烟，只有精神长存世间，所以人生的追求应该是一种境界。

在纷纷扰扰的世界上，心灵当似高山不动，不能如流水不安。居住在闹市，在嘈杂的环境之中，不必关闭门窗，任它潮起潮落，风来浪涌，我自悠然如局外之人，没有什么能破坏心中的凝重。

心灵是智慧之根，要用知识去浇灌。胸中贮书万卷，不必人前卖弄。"人不知而不愠，不亦君子乎？"让知识真正成为心灵的一部分，成为内在的涵养，成为包藏宇宙、吞吐天地的大气魄。只有这样，你才能运筹帷幄之中，决胜千里之外，才能指挥若定、挥洒自如。

正能量情绪修习课：7天回归内心宁静

　　遇事冷静，或不感情用事，或心平气和，或恬淡从容，是一个人有好脾气的标志。

　　人各有其聪明、智慧、个性，为理智和感情的平衡发展，不妨恬淡冷静一点。

　　人总是在自省中认清自己的，你能够掌握生活的动力，并且决定自己会有什么样的结果。相信自己，你能做到。

　　让自己宁静并不难。内在的身心宁静来自日常的控制感情，这既无秘诀又无捷径可言。单凭看一两本书即想身心宁静亦属妄想。获得宁静的唯一办法，行之若素，思之以恒，同时要有信心。

　　最简单的基本实践先求身体上的镇定，不要用力踏地板，不要擦拳搓手，不要拍案叫绝怒吼，不要来回地踱方步，不要往牛角尖里乱钻。人在激动兴奋中，动作随之趋于急切。为了避免言行急躁有一套最简便的巧妙方法——站稳、安坐、躺下，竭力设法把说话的声音压得低低的。

　　言行平和必先思想清朗，言行系诸心境，而心境影响言行。一个人的身心是永远相互为用。有一位朋友天生是个急性子，碰一碰他就捏起拳头，提高嗓门，但他有自知之明，易言之，他控制得住自己，每处此境，他立刻把手指头伸直，绝对不容弯起来，竭力地把声音放低，低得似在耳语。他说，"一个人是不可能用耳语跟别人吵架的呀！"

这是控制情感上暴躁、急促、兴奋、紧张最有效的经验之一，谋求宁静的初步当然是先从身体的动作下手，慢慢地会觉得只要压得住暴躁仓促的动作，情感的热烈自然降低，等到热烈的情感泄了气，又怎么暴躁得起来呢？这时候你会发现因为不再暴躁，节省下无数精力，因此你不再会常常觉得疲倦。

为了宁静平和，下列七点，若得经常身体力行，对你今后的生活必有裨益。

1.放下一切忧愁。现实生活中令人忧愁的事实在太多了，就像宋朝女词人李清照所说的："才下眉头，却上心头。"忧愁可说是妨害健康的"常见病、多发病"。狄更斯说："苦苦地去做根本就办不到的事情，会带来混乱和苦恼。"泰戈尔说："世界的事情最好是一笑了之，不必用眼泪去冲洗。"如果能对忧愁放得下，则心灵可得轻松、宁静。

2.清心静坐，保持绝对的宁静，可以使你没有一点儿思虑。

3.静坐完了之后，慢慢地想象自己的心像一面湖，先是澎湃不已，继而风息浪平，继而平静无波。

4.宁静之后想一两分钟，想那美丽而平和的景色，远山红霞，黎明朝露……曾历其境，又临其境。

5.缓缓默诵清平、爽朗、宁和的字眼、诗词、名句。

6.回忆平生无愧于心的一些往事。

7.求心的一贯宁静，复诵古今完人修身致静名句。

Part06

改变世界很难，改变自己很容易

♡ 你有一竿子捅到底的偏脾气吗

"一竿子捅到底"讲的是：做事直来直去，只知向前，不知后退，不撞南墙不回头。但一切成功者也应该懂得：人生路上，难免有坎坷，难免遍布荆棘，应该学会改变自己，才可能确保制胜。

当一种动机屡经尝试仍不能成功，达不到预定目标时，应该及时调整目标，变换方式，通过别的方法和途径实现目标，或者把原来制定的太高而不切实际的目标往下调整，改变行为方向，则有可能增加成功的概率。如有的高中生，多次报考大学未能遂愿，他见障碍难以逾越，就改为报考中专、技校，或是电大、职工大学，"退而求其次"，来实现自己的目标。这种目标的重新审定和转移，不是惧怕困难，而是实事求是的表现；同时，也降低和避免了由于目标不当难以达成而可能产生的挫折感和焦虑情绪。

生活中，有很多的人，宁可吊死在一棵树上，也不肯退而求其次。虽然他们坚定目标，但却不考虑实际能力而"盲目追求"。

实际上，当一个人确定的目标由于自身条件或社会因素的限制，不能实现并受到挫折时，就可以改变目标，用另一目标来代替，以使需要得到满足；或通过另一种活动来弥补心理的创伤，驱散由于失败而造成内心的忧愁和痛苦，增强前进的信心和勇气。

1997年初，陈红下岗了。虽然失去了"铁饭碗"心碎般难受，但她是要强的女人，她坚信，别人能够做到的事，自己也能做到。关键是要有决心、有毅力。痛定思痛，她不再寄希望于铁饭碗，决定寻找自食其力的门路，实现自己的人生价值。1997年9月，她多方筹资2000元购买了毛线编织机，并报名参加了编织技术培训班。一个月后，她用所学的技术开了一个毛线编织加工店，很快生产出第一批产品。织出的毛线衣裤规格齐全，花式多样，价格便宜，邻里朋友口碑相传，小小编织店的名气一下在县城传开了，生意越来越火。

苦心经营两年多，别人见这营生有利可图，便纷纷入围，小编织店一下如雨后春笋般地冒了出来，竞争日趋激烈，再加上苏南针织品在响水市低价倾销，使得编织店的利润越来越低，陈红的生意也越来越不景气，这时她主动放弃了编织市场，另找门路。她走南闯北，调研市场，又办起了市第一家涂料厂，高薪聘请技术员，开发出了填补国家空白的产品，一炮打响，取得巨大成功。

从陈红的奋斗历程中我们可以看出，如果没有果断决定自己创业，如果没有果断转行，那么她就不会有现在的成就。

在此，我们可以得出一条成大事的经验：适应现实的变化而迅速改变自己的观念，最重要的是需要我们有一副聪慧的头脑和敏锐的眼睛，做生活的有心人。

有些人对待问题脱离实际，就认准了·"一条道儿走到底，不撞南墙心不死"，从不顾及客观情况，只是单纯地以不变应万变，那也只能是自设苑囿，作茧自缚。而有一些人在突然的、意外的重大挫折面前，由于原定的追求目标已不可能实现，或是为了用其他行动来转移、代替心理上的痛苦，就会转而追求别的目标或是进行另外的活动。这也可以获得新的成功，得到心理上的补偿。

每个人都生活在一定的现实中，离开特定的现实，要想成大事，简直是天方夜谭。为什么？因为现实是每个人生活的基础。对于那些不停地抱怨现实恶劣的人来说，不能称心如意的现实，就如同生活的牢笼，既束缚手脚，又束缚身心，因此常屈从于现实的压力，成为懦弱者；而那些真正成大事的人，则敢于挑战现实，在现实中磨炼自己的生存能力，敢于改变自己，改变目标，这才是能成事的做法。

♥ 改变世界，不如改变自己

我们没有真正看过恐龙，可是我们确定我们住的地方在几亿年前确实有恐龙。

在远古时代确实有恐龙，但是后来恐龙为什么消失了呢？所有的科学家、历史学家、生物学家众说纷纭，没有人能真正确定恐龙消失的原因是什么。不过，所有的人有一个共同的结论：当时的环境发生了很大的改变，而恐龙无法适应变化了的环境，所以灭绝了。

现在正处在一个大变革的时代，如果你不努力改变自己，如果你无法适应，你必将遭到淘汰。千万不要做恐龙，要不然你会消失不见。很多小孩子的父母从小都是喝自来水长大的，于是让他们的孩子也喝自来水。现在工业污染越来越严重，假如还喝自来水的话，恐怕受到伤害的最终只能是自己和孩子。时代在变，观念也得跟着变。假如你不变，就只有等着做恐龙这一条路可以走。

一个成熟的人必须要跟水一样圆形方形随时改变自己，接受改变缺点的挑战。有人说江山易改本性难移，如果总是要别人去接受你的个性，可能吗？每一个人都应该清楚地审视自己有哪一些缺点会阻碍自己的发展，并且把它记录下来成为自己改进的计划簿，如果你希望自己成为一个优秀的人就必须这样做，因为如果不改变，这些缺点就会变成自身发展上的障碍，所以我们常说：一个人最大的障碍就是自己，不是别人，也不是环境。

有些人会愿意改变自己，常常是在遇到了刻骨铭心的事件之后，但是那仅仅指的是有准备改变自己的人；有些人根本就没有打算改变自己，这些人便会在遇到重大事件的时候逃避。有些人认为改变自己很难，因为那可能是已经几十年积累下来的习惯，人对于习惯会产生依赖而拒绝改变，可是真正的财富往往就藏在这些改变之后。有人说这就是上帝为了那些改变自己的人所准备的礼物，他要告诉这些愿意改变的人，改变虽然痛苦，但是他一定值得！

微笑、开朗、主动、诚恳、热情、积极、付出、感恩、接受挑战、坚持、乐观、兴奋等等，这些都是一个成熟的人身上必须具备的特质，在你的身上是不是已经具备了呢？还是这中间缺了好多呢？我们一定相信这里面有很多特质都不是你天生的，但是这些却是一个人在面对社会时必须具备的特质，要拥有这些特质说简单也很简单，但是说难也会很难，全部决定在你自己的一念之间：我是不是愿意去接受改变，我要去适应生活还是要生活来适应我？改变是一个决定，不改变也是一个决定，但是这两个决定却会带来两种完全不同的人生，你决定了吗？

♥ 只要改变，命运改变

现代成功学奠基人、美国成功学开拓者拿破仑•希尔博士出身贫寒，他于1883年诞生于美国东部弗吉尼亚州山区瓦意斯城的一座小木屋中。希尔和他的弟弟早年丧母，幼年生活充满了坎坷。

1908年，25岁的希尔还在华盛顿市乔治顿大学法学院念书时，应一家杂志社的要求，去采访73岁的钢铁大王安德鲁•卡内基先生。这次交谈，使卡耐基发觉了希尔的灵气和才华，他邀请希尔到他的豪华住宅长谈了三天三夜，给希尔上了最重要的一课……然后向希尔提出了两个测试题：

1.你是否愿意用20年的时间为美国人民研究成功哲理？

卡内基在手中暗暗拿着一只手表，不让希尔知道，暗中限他在一分钟内做出决定；希尔一分钟就作了肯定的回答，这使卡内基十分满意。快速地作出决定是成功者的一个特征。

2.在此期间，除因公所用差旅费可以在我处报销外，你必须自谋生计。你愿意吗？

希尔起初有点想不通：卡内基富甲天下，委托他的任务又这么重大，为什么不给予生活资助呢？

卡内基察觉到他的疑问，便告诉他：只有这样依靠自身的力量奋斗，才能获得征服贫穷的能力，才能拥有走向成功的秘诀。这样，希尔便立刻作出决定，同意了这一要求。

希尔的人生从此发生了改变。

卡内基满怀信心地正式委托希尔研究现代成功学。希尔是这项任务的250多位青年候选人之一。卡内基嘱咐希尔把他所谈的成功经验同美国当时最著名的500多位各界成功者的经验结合起来，创立成功学，建立"成功"事业，把这种继承性的事业留给美国人民。卡内基深信：这项事业的影响将极其深远。

此后，卡内基便经常给希尔讲述成功哲理，同时经常给当时的著名人物写信，向他们介绍成功学理论。直到卡内基逝世为止，他提供的长达10年之久的精神和物质上的帮助，使希尔受益匪浅。希尔后来在书中记述了大量卡内基的教导。在卡内基的教导和帮助下，希尔为成功学孜孜不倦地奋斗了一生。

希尔在前期除研究成功学外，他必须自谋生计，征服贫穷。那时他主要靠训练推销员为生。这样，过了20年，到1928年，他的第一个研究成果《成功规律》出版了。这部巨著帮助许多人获得了成功，受到当时各界人士，包括当时的科学家爱迪生及美国总统柯立芝的赞许。他取得的物质报酬是300万美元。

由于西弗吉尼亚州一位参议员的推荐，希尔先后担任过美国两任总统的顾问。1935年，希尔担任罗斯福总统顾问时，开始写作《思考致富》。这部出版于1937年的著作长期畅销不衰。

此后，他又出版了许多著作，其中有《人人都能创造奇迹》《希尔成功学》《致富万能钥匙》《人人都能成功》《如何提高你的薪水》《如何提高你自己》。

1957年，希尔由于贡献卓越，获西费尼吉亚州塞伦市塞伦大学授予的荣誉博士学位。

希尔长期运用办学、演讲、办杂志、著书等方式，从事研究、讲授成功学的社会活动。他善于接触各界、各阶层人士，甚至访问过狱中囚犯，所以他的理论具有深厚的社会实践基础，在人们眼中是一位深受景仰的大师。

你会拥有什么样的人生呢？你会为改变自己的人生做出什么样的努力呢？记住：只要去做，只要改变自己，命运一样可以改变。

不适应的时候就是改变的时候

一条鲷鱼和一只蝾螺在海中，蝾螺有着坚硬无比的外壳，鲷鱼在一旁赞叹着说："蝾螺啊，你真是了不起呀！一身坚强的外壳一定没人伤得了你。"

蝾螺也觉得鲷鱼所言甚是，正洋洋得意的时候，突然发现敌人来了，鲷鱼说："你有坚硬的外壳，我没有，我只能用眼睛看个清楚，确知危险从哪个方向来，然后，决定要怎么逃走。"说着说着，鲷鱼便"咻"的一声游走不见了。

此刻呢，蝾螺心里在想，我有这么一身坚固的防卫系统，没人伤得了我啦！我还怕什么呢？便关上大门，等待危险的过去。

蝾螺等呀等，等了好长一段时间，也睡了好一阵子了，心里想：危险应该已经过去了吧！也就乐着，想探出头透透气，冒出头来一看，立刻扯破了喉咙大叫："救命呀！救命呀！"原来，它正在水族箱里，对面是大街，而水族箱上贴着的是：蝾螺××元一斤。

此时，不知你的感想如何，这篇禅学寓言告诉我们：过分封闭自己的人，都将丧失自我成长的机会，自陷危险之境而不自知！

　　同样的道理，你也听过温水煮青蛙的故事吧：当把一只青蛙放进一锅烧得滚烫的开水中时，它一下子就会从里面跳出来，但是把青蛙放在温水里，然后在锅底下慢慢加温，青蛙在温水里自由地游泳，当水温慢慢升高的时候这只青蛙丝毫没有感觉，当它感觉到不舒服想跳出来的时候，双腿已经没有力量——它被煮熟了！

　　面对改变，我们时常会觉得有些不习惯，或者感到有些压力，甚至是恐惧，可是这正是你成长的时刻！

　　迅猛的变化、爆炸的资讯、时间和空间的巨大变革，竞争的游戏规则已在不知不觉中改变……人们曾引以为豪的成功经验也在一夜之间褪去了它往日的魔力。

　　面对这些变化，很多人开始感到困惑、压力……最后麻木或者习惯，痛苦或者快乐。

　　有一点确信无疑，我们正在激烈地告别传统，传统的技术、传统的知识、传统的教育、传统的制度、传统的道德，甚至是传统的智慧！变化已经是这个时代唯一不变的特征！

　　你愿不愿意进入这个充满变化的21世纪呢？谁都会发现，不管你愿不愿意，时代的步伐总是向前，它不会以你我的意志为转移，更不会等我们半步！

　　更多的变化！更多的挑战！当然其中也包含更多的机会！

　　相对于这个时代而言，"改变"一词还来得不够有力度，不如我们用"颠覆"一词！颠覆你自己，否则竞争将颠覆我们！

　　谁能让思维变得更及时更快，谁就能赢得精彩；那些固守死理、一成不变的人，则只能永远平庸。

♡ 当你变成更好的自己，才能改变命运

人最可怕的是不愿改变自己。

有一部分人，明明自己能力不够，却总是抱怨发脾气，埋怨世界不给他机会，可是机会真的来临的时候，你真的准备好了吗？真的能够抓住这个上天给你的机遇吗？

如果你也是"他们"中的一分子，那么你需要静下心来，花点时间思考和梳理自己的现状，在机会没有来临之前，除了努力提升自己，改变自己，没有别的什么好的办法。

人只有通过学习，或是努力，不停地提升自己，将自己变得更好，才能在机会来临的时候，说一句：我可以的，我能做好。然后走上改变人生的路途。

人生的征程，最糟糕的境遇往往不是贫困，不是厄运，而是精神和心境处于一种无知无觉的茫然状态，既不愿意去努力改变生活，也不想去提升自己。也许你在心里说："我又能怎么样呢？我底子不好，学也学不进去，付出再多的努力也是浪费。就算我现在真的去努力提升自己，也太晚了，我现在都多大了？而且现实生活实在太困难了，我也没有时间去做这些没有意义的事，学习就已经是一个难题，就算克服掉了，还要兼顾家庭，甚至可能因为这样引发家庭矛盾，更多的难题相继而来，怎么办？"

其实这都是给自己找借口，这些都不是重要的，重要的是要努力改变自己，改变现状。不要再发牢骚了，也别幻想有什么突如其来的机遇了，这些都不现实。你若真的希望有所改变，先从改变自己开

始，只有你变得更好，你才能得到更好的待遇。如果你做不到，那么你就要学习接受现在不满的人生。因为一切让你不满的生活，都是与你的能力相匹配的，属于你的这个世界，或许不是最完美的，却是你唯一能得到的。如果你希望自己的人生更好，那么，打起精神来，从现在这一刻开始，为自己变得更加美好，做出努力吧。

或许第一步，只是需要你开始为自己选定一个适合的目标，比如：学英语、通过专业资格认证，甚至只是做好本职的工作等等，这些看起来似乎并不是太遥远，不是吗？

只要你愿意为了这个目标每天抽出一两个小时的时间，想学英语你就背单词，想通过专业资格认证就努力学习……你很快会发现，自己变得更加美好，而生活也会因为你的改变起了变化。比如，学好英语的可以在升职面试时多一项漂亮的技能。

所有的改变都是从自我做起，从一点小事开始，从现在的一刻开始努力去做！面对困境与挑战，更要努力进取，而不是怨天尤人，发牢骚发脾气，永远记住——当你变成更美好的自己，才能改变属于你的世界！

♡ 感谢践踏，让自己激发斗志

高考那年，小海被班主任叫到了办公室，跟他在一起的还有其他三位同学。当时班主任当着办公室全体教师的面说道，"你们四个是班里最差的学生，我们不指望你们考出好成绩，但也不希望你们拖班级的后腿。所以，高考如果考不到300分以上，就别想领到毕业证，更别想来复读。"

小海离开办公室后就哭了，以前老师当着众同学踢过他，扇过他耳光，甚至让他蹲着面壁思过，但以往的一切都没有今天受的屈辱大，他感觉老师已经将自己定制在一个低能儿的范畴，一个好强学生的自尊受到了严重的践踏。

于是，他开始拼命地学习，鼓足了劲儿去啃那些生涩的理论和公式。小海不是不聪明，只是贪玩。所以，整整一个月起早贪黑的奋斗后，他最终以班级第二、全校第二十五的成绩考取了一所重点大学。这样的成绩让所有人对他刮目相看。学校广播台特地对他进行了采访，采访中，小海说道，"我最感谢的是我的班主任，要不是他当初当着办公室全体教师的面说我是差生，我估计这会还在家睡大觉呢！他唤醒了我内心沉睡的尊严，使我为了维护它不得不拼命地改变我的处境。班主任的羞辱就像一个咒语，破解它的唯一方法是，使出浑身解数，考取优异成绩。"小海的这些话并未在学校播放，但很多学生还是知道了他成功的真正原因，并以他为楷模。

屠格涅夫说，自尊自爱，作为一种力求完善的动力，却是一切伟大事业的渊源。是的，一个不懂得尊严为何物的人，永远都没有成功的念头，更不会化屈辱为力量，让自己追求事业的成功。罗素说，自尊，迄今为止一直是少数人所必备的一种德行，凡是在权力不平等的地方，它都不可能在服从于其他人统治的那些人的身上找到。如果小人物受到那些有权有势，或者比自己强的人的践踏，只能逆来顺受，或者懦弱应对，那么自尊在他们身上就消失不见了。因为懦弱，因为逆来顺受，所以，他们脑海里更多出现的是偏安一隅，得过且过，能不得罪他人就不得罪，但最终却可能成为对方淫威下的牺牲品。

李小龙说，有时，尊严是不容易得到的，为了某些利益，可能会抛弃一切尊严；或为了虚名，尊严也不顾了。概括地说，世人一般所热心的是沽名钓誉。不过，感谢那些践踏我们的人，是他们的伤害唤醒了我们的尊严，使得我们突然对模糊不清甚至不知为何物的尊严有了前所未有的认识，并且急切地想要保护它。

虽然，唤醒尊严的方式是他人的践踏，但是就像一把钥匙只能打开一把锁一样，只有这种践踏的方式才能让我们对尊严的认识更加深刻，也才能激发我们的斗志，使我们的人生目标更加清楚。

解释尊严的含义，为不容侵犯的地位和身份。事实上，尊严就是一种意识，它会随某句话突然出现，也会因某种"好处"突然消失。所以，人在安乐中，或者在某种好处面前，尊严常常显得微不足道，只有自己面临窘境，面对敌人，面对别人的侮辱时，尊严会第一个跳出来为我们抵挡，而正是它的受伤，给了我们下定决心"报仇"的动力，并最终让我们获得成功。

可以说，受伤的尊严就是一面时刻敲响的警钟，它会让我们时刻想起自己受到的践踏、侮辱，每敲响一次就会牵动我们全身的神经，而缓解痛楚的唯一方法就是拼命地向出人头地迈进。

♡ 感谢对手，让自己快速成长

一个人往往在对手的督促下，才能谨小慎微，少犯许多错误；相反，如果没有对手的监督，一意孤行，往往会落于失败的陷阱之中。

在很久很久以前，有一只小老鼠住在一个树洞之中。在外面不远的地方，居住着一只想捕食它的鼬鼠。所以，每一次小老鼠想要出去找食物时都会非常小心，也全靠如此，才多次逃离危险保住性命。

有一天早晨，它正准备出去时，才发现那只可怕的鼬鼠正在不远处行走。"哇，今天真险！我要让它先过去，免得自己变成它的午餐。"但突然之间，一只灰猫跳了出来，一下子就咬住了鼬鼠，开始吞食起来。惊魂初定的小老鼠不禁得意起来。"哇，今天我真走运，现在危险已经过去，从此以后，我可以大摇大摆地出去觅食。"开心的小老鼠还没有在森林中自由玩耍，就在贪婪的灰猫口中丧失了性命。就像这个小老鼠，只有在面临鼬鼠的威胁时，才会变得异常机警，从而逃过一场又一场的劫难；相反，在缺乏对手之后，它忘乎所以，放松了警惕，自然就会跌落失败的深渊了。

在这个复杂的社会中，总是存在着各种竞争，甚至是你死我活的厮杀。那也许是自己的同事，也许是同行，甚至是你完全不知道的人，都会通过一个个途径让你的生活充满了紧张感。但对手是否都是负面与不必要的呢？答案也许出乎你的意料。

有这样一个故事：

在某一家公司里，有一位掌管销售的副总经理，我们称之为张先生，总是与掌管财会的刘女士存在许多矛盾。在这间经理办公室里，时常可以听到张副总的抱怨声："这也不能报销，那也不能支出，她哪里知道我们在外面开发业务的艰难啊！"确实，目前的经济不景气，业务员们通常要花费很多的气力，才能获得一定的成绩，各种说不清楚的支出，自然会较多了。但这位较为死板的刘会计，也不知道变通，整天只会按章办事，难怪让这位张副总愤愤不平，产生不少争执。公司的员工们也都知道，张副总与刘会计是一对难以共事的冤家对头。不久之后，善于运用智谋的张副总就使了一个坏招，让老实的刘会计背上了一个黑锅，成为替罪羔羊，被迫辞职。而不久之后，年迈的总经理也退休，让他顺利升职，成为新的总经理。坐在宽敞的总经理办公室里，张先生得意洋洋，现在公司里的一切都顺心如意，再也没有人敢和自己作对了，花起钱来自然也大胆了。

　　但经过一段时间，公司的业绩却不见起色，面对董事会的压力，焦急不安的张总经理想了许多方法，都不见成效，到最后，终于想出了一个新的点子。更改公司的账目，让亏损的数字统统都变成赢利，不就可以让董事会满意了吗？想到这里，他找来了公司的新会计，幸好他非常合作，立即就更改了账目。顿时，在董事会，这位新总经理获得了一阵叫好声，诸位董事对他的成绩非常满意，还准备送给他高额的红股。但纸始终包不住火，很快，东窗事发，他不仅被董事会免职，还受到检察部门的追究，弄得身败名裂。有一天，他面对记者的追问，深有所感地说道："要是我不将那个刘会计赶走就好了，她肯定不会让我这么做，我也不会落到如此的下场。"只不过一切都晚了。

　　相信类似的故事，许多人都听到过。记住，将对手看成朋友，将每一次指责与批评都看成是改正的良机，这才是最佳的处世之道。

　　无论是在职场，还是商场，几乎每一个人的面前都或多或少存在着对手。对手是让自己变得更加成熟、更加完美的人。也许你应该感谢一个个给你带来麻烦甚至是痛苦的对手，因为只有这样，你才能在成功的道路上走得更远更长。

💗 感谢打压，让自己锤炼本事

　　小草被野火全部烧没了，可来年春天，它们照样长了出来，并且越发茂盛；柳树虽被人压住了顶部，但它们没有被顶端的砖块所压制，最终长成一排茂密的林荫带；蚂蚁们被一块硕大的玻璃门挡住了去路，于是，有些选择寻找新的出路，穿过一个小洞，而有些则通过千百次的掉落后，终于爬上玻璃门的顶端，过到了另一边；一条河挡住了一个人的去路，于是，他折了树枝造了木筏，划到河中间木筏散了，他掉进了河里，更倒霉的是他根本不会游泳，就在快要沉下去时，他看到了一条鳄鱼，于是使劲扑腾，最终竟以惊人的速度游到了河对岸，从鳄口逃生……

　　人有着无穷无尽的潜能，也有着任何风雨都击不败的毅力。当然，人的惊人毅力不是随时随地都能出现的，只有当他们遭遇挫折，遭受打击，面临危险和困境时，才会有超乎寻常的发挥。因此，我们要感谢那些打压我们的人，是他们让我们懂得什么是百折不挠，什么是锲而不舍，什么是出人头地。

　　一颗轻轻一碰就能折断的麦芽，缘何能冲破坚硬的土壤，最终展露于阳光之下？就是因为那压制在它身上的黑暗，让它对阳光充满了渴望，并最终以超乎寻常的毅力冲破阻力，获得新生。

　　那么，面对那些打压我们的人时，我们是不是对成功有了更多的渴望，对超越对方有了更多期许？假如没有对方的压制，你还会因喘不过气来而奋起"反抗"吗？你会为了摆脱对方的压制，不断地修炼自己吗？你会为了"报复"对方，将他的职位取而代之吗？你会为了展现自己的才华，不断地去经营自己的人际关系吗？你还会为了不埋没自己，积极寻找一蹴而就的机会和助你成功的伯乐吗？更关键的是，你会知道自己有比上司更强大的优势吗？也许会，但并不强烈，也许知道，但并不想进一步证明。

百折不挠是一种精神，就像黄豆经历粉身碎骨后，最终变成可口香甜的豆浆一样，一个有百折不挠精神的人，无论他遭遇怎样的困境，身心受到多大的伤害，他最终都能将自己历练成一个刀枪不入的人，并历经千辛万苦达到自己想要达到的目的。

对于一个有百折不挠精神的人来说，没有什么问题是他解决不了的，没有什么苦头是他不敢吃的，没有什么磨难是他不敢面对的。不过，人的这种精神不是生来就有的，而是在一点一滴经历不幸之事的磨砺下才产生的。就像穿高跟鞋一样，一块皮肉第一次被磨出了血泡，挑破结痂，第二次再破，等到同一块地方破上三四次后，皮肉就会变成死肉，那里已经没有了知觉，再磨也磨不出血来了。每个人的身心一开始都很脆弱，但是经历的磨难多了，受到的压制多了，遭遇的打击多了，慢慢整个身心就会变得坚强无比，并最终被磨砺得刀枪不入。

对于一个人来说，最痛苦的事莫过于能力得不到认可，甚至没有机会展现自己。可是越被人压制，我们越渴望自由，别人越想将我们埋在地底下，我们越想活到阳光里去；别人越不愿意发生的事情，我们就越愿意让它发生。在这种打压与反打压的过程中，我们的毅力得到了锻炼，使得我们不再畏惧任何困难。

面对打压，不要动怒，不要发脾气，要学会感谢。但凡你想着难以容忍别人的打压，想着寻找机会摆脱对方的束缚，让自己变得更强大，你就会感谢打压你的人，是他让你百折不挠的精神苏醒了，使得你不再畏惧任何人任何事，也使你更加渴望成功！

❤ 感谢失业，让自己弥补缺陷

在职场生涯中，失业恐怕是再大不过的噩耗了，对于很多人而言，工作如同婚姻一样，秉承一生就一次的原则，所以当事业上亮起红灯的时候，他或许会突然之间接受不了这样的打击，甚至觉得自己对于社会已经没有价值，便有了轻生的想法。这些想法听起来或许很可笑，事实上，很多人确实存在这样的现象。

失业这个现象，整体而言，是一个社会问题，而这个社会问题与失业者的个人素质也息息相关。失业是市场经济竞争体制下不可避免的一个现象。能者居之，优胜劣汰。当你失业了以后，不要作无意义的哭泣或者酗酒，要冷静下来想一想，为什么失业的是自己？为什么同事某某没有遭受这样的悲剧？答案或许很容易就得出来：因为对方比自己适应这个竞争过程，对方的优点保住了他的工作，而自己恰恰缺少这样的技能，了解到这一点，或许就是你人生的转折点。因为这次失业，让你更明白了一些道理。

事实上，失业并不可怕，可怕的是失业之后，你一蹶不振，害怕自己无所事事，终成废人。正确地看待失业，重整旗鼓，从头再来，迎接你的或许就是辉煌。

失业的人心情肯定会受到影响，悲伤几天是可以的，但是不可以从此悲观。失业以后最重要的是情绪的调节，利用失业以后的空闲，可以给自己放一次较长的假期，你可以利用它去完成你旅游的夙愿，利用它去拜访一些故友，利用它去完成一次技能培训等等，好好地给身体和心灵做个温泉SPA，或者给头脑做一次充电储备。或许你应该感谢这次失业，它给你了时间恢复一下体能，健康对于谁都是重要的，人生数年，我们没有任何理由因为所谓的工作而毁掉我们的身体。

因为失业，我们才能鼓起拼搏的念头，拥有了从头再来的机会。平日的忙碌或许蒙蔽了我们的双眼，我们总在赶路，却忘记了停下来问问自己：我在做什么？这份工作真的适合我吗？因为这份从事若干年的工作，我们或许已经产生了惯性，所以我们忘记了自己的优点，忘记了自己的爱好，也因此错过了很多更值得我们去追求、更适应我们的工作。

失去一份工作并不是失去整个人生。失业给了我们一个思考的空间和时间。我们应该冷静下来思考自己，分析自己：我是谁，我适合做什么，我的优点是什么，我的缺点是什么，我需要哪些技能而现在却没有具备。思考是重要的，没有思考而盲目地去寻找新工作将再次出现失业的现象。

从失业的经历中，我们应该吸取教训，应该变得更勇敢、更理智、更了解自己。敢闯敢拼，勇于从头再来是失业以后最正确的选择。社会是一个很大的空间，它给与我们的不是一个小小的位置，而是一片广阔的天空。如果你因为失去了太阳而哭泣，那么你还会失去月亮和满天的星星。要肯定自己的价值，相信自己的能力，同时给自己拼搏的勇气。因为失业，我们有了更大的发展空间，我们或许是那样一只离开了鸡窝方能展翅飞翔的老鹰。

　　失业是痛苦的。对于工作，或许我们也付出过努力，投入过感情，可是这并不代表我们就一生拴在它上面。失业后的你完全可以做好从头再来的准备，要知道外面的世界依然很精彩，依然充满了挑战和机遇。

　　我们是工作的主人，绝对不是它的奴隶。失业不过是人生旅途中再微小不过的一个挫折，你要是被它打败，那么你的生命之路或许就不能前行。失业之后关键是要及时整理心情，做好充分的挑战准备，或许有更美好的空间在前方等待着你。

♡ 感谢失势，让自己变得成熟

　　由俭入奢易，由奢入俭难。同样道理，由低势到高位，面对鲜花，面对掌声，面对显赫，你自然感觉不到因为环境巨变而带来的不适应感，然而要是突然失势了，由高势落入了低势，奉承没了，笑容没了，优势没了，往日那些所谓的朋友突然也都不再是朋友了，这时候的你会突然认识到人情冷暖，突然感到无所适从，这些突然的变化或许会让你招架不住，倒塌下去。

　　失势大多表现为一种社会位置的降低，这种社会位置的降低往往会带动心理高度的降低，一旦心理高度降低了，很可能会带来不良情绪，比如失去自信、郁郁寡欢等，这些不良情绪将很大程度上影响个人今后的发展。失势带来了消极，消极带来了再一步的失势，再一步的失势导致了更消极，这样的恶性循环可能最终导致人的彻底崩溃。

失势并不可怕，可怕的是失势后的认命。有的人失势以后，终日郁郁寡欢，完全丧失了斗志，或者成了一个"盲人"，看不到现实中的落寞，仅仅是幻想着昨日的繁荣重新回来，却不付出一丝一毫的努力。

我们应正确看待人生变化的曲线，争取看待这种失势现象。人生不可能是一条一成不变的直线，相反它是一条带有上下波动的曲线，时而高，时而低，才尽显人生百态，尽显酸甜苦辣。所以，高势和低势都是人生的一种状态，我们虽然一直在追求高势，也钟情于高势给我们带来的快感，但是幻想人生一直处于高势不过是我们每一个人的美好愿望罢了，任何一个人都不可能永远地高高在上。能够坦然地接受这种人生曲线变化，坦然地面对失势或得势，才是心智成熟的人的表现。

有时候，失势反而让你更加深刻地看到事情的本质，看到人性的善恶，体会到人间冷暖。失势让你重新认识到哪些人才是真正的朋友，哪些事值得你重新去做，哪些弱点你应该克服，哪些优点你应该加以利用。如此说来，失势反而让你更加清楚地理解了人生，看清了自己。当失势真的到来的时候，我们既然没有能力阻止，只能坦然地接受，或许它真实的面目也是上帝赐予你的一个礼物。

智者面对失势不动气，而是能够微笑着正视现状，能够坚强地接受冷漠，同时也努力地改变着这种局面，争取在最短的时间内扭转弱势的局面，重新实现辉煌。

♥ 感谢失机，让自己抓住转机

机会，是世界上最宝贵的财富。机会是人生转折的岔路口，也是成功的导火索，一定要当机立断，把它抓住，否则失去便不会再来。

机会对于每一个人都是平等的。有很多人总是在埋怨上苍不给他机会成功，事实上，上帝也把苹果砸到了他的头上，可是他一边骂着，一边把苹果吃了。这就是为什么牛顿成了科学家，而同一时代的其他人却丝毫没有在那个世纪留下印记。

人的生命是短暂的，在这短暂的时间中，机会能够出现的次数更是少之有少，抓住了你的生命就会出现新的景象，错过了只能是无尽的悔恨。如何才能抓住机会，不让自己的生命留下悔恨呢？这需要你有一双雪亮的眼睛、一颗敏锐的心，还有勤劳、敢于探索的品质。

在一个圣诞节，道尔顿去商店买了一双深蓝色袜子，作为礼物送给母亲。母亲接过礼物时，却非常生气地怒斥他："不懂事的孩子！你难道不知道清教徒禁忌这种颜色吗？"

"禁忌深蓝色？"他问母亲。

"你买的是红色袜子。"母子俩竟然说出的颜色不一样。于是他们找别人来辨认，只有他的哥哥认为是蓝色的，而其他人也都说是红色的。

自从这件事发生以后，道尔顿深刻感觉到这其中肯定有什么奥妙。于是他查阅了大量的资料，通过数年的深入研究和分析，终于写出了震惊世界的《论色盲》。谁会对一只袜子颜色的问题而耿耿于怀呢？道尔顿就是这样一个人，他及时抓住了在眼前闪过的机会，根据视差原理，第一个提出了色盲问题。

机会不是没有，或许只是你抓不住罢了。想想看，在道尔顿之前恐怕患有色盲症的人大有人在吧，他们或许意识到了自己的眼睛有问题了，但是他们却从没有想过深入去研究它的根源，所以成功的机会就这样错过了。

然而，错过一次机会并不可怕，可怕的是这种令人抱憾终生的错过一次又一次在你身上上演，那么你的人生恐怕就没有转折了。所以，当你意识到上一个机会错过时，后悔和遗憾是必然的，但是不是长久的。短暂的遗憾感会让你深刻体会到这次教训，以后不要再次重复相同的错误；但是倘若一直沉浸在这种悔恨的氛围中，更是一种没有意义的选择。既然知道世界上没有卖后悔药的，那么即使你再后悔，机会也回不来，不如吸取教训，把悔恨感转换成探索的动力，转换成敏捷的洞察力，这样你才有可能在下一次机会到来的时候能够迅速地抓住。

永远记住，失去一次太阳的时候，后悔一个小时就足够了，剩下的时间是对自己微笑一下，然后继续赶路，争取在下一个太阳出现的时候，你已经到达山顶，在那里静静地等待它露出海平面。

♡ 感谢失败，让自己逐步强大

人生如海，潮起潮落，既有春风得意、马蹄潇潇、高潮迭起的快乐，又有万念俱灰、惆怅莫失的凄苦。

　　生活丢给了我们一个问题，它必然会同时给我们一个解决问题的办法。

　　生活中我们不必总是企求万事如意、好运连连，要知道，生活就如同善变的天气一样，你无法预知会发生什么，随时都会狂风大作，暴雨不断。生活中无论什么击倒了我们，我们必须能重新整理自己，像一个坚强的勇者，跌倒了再爬起来，去迎接新的挑战。

　　生活中失败和挫折是难免的，问题的关键是当挫折和失败来临时，我们应该仔细地分析它，进而得到解决问题的方法。千万不要放大挫折，它未必如我们想象的那么糟，更不要把失败归结于命运，认为所有的挫折都是冥冥之中注定的。这样的话，在困难面前，我们会失去主动权而变得尤为被动。

　　我们在困境中如果能保持乐观的想法，那么，我们终究会获得摆脱困境的方法。如果我们只盯着当时不好的局面，让困惑笼罩，我们的问题不但不会得到解决，反而会更加恶化。当我们为没有鞋穿而苦恼时，有人已失去了脚，当我们为没有脚而痛苦时，也许有人连生命都失去了。

　　当生活中的低潮涌向我们的生命之岸时，不要悲观，更不要埋怨发脾气，而要学会感谢。

　　让我们学会感谢吧，感谢自己终于有时间思考了，终于有时间好好审视自己走过的路了。仔细想想，自己的生命之路哪一步走歪了，哪一步走慢了，哪一步走得不稳。然后，积蓄你的力量，伺机待发，生命的下一个辉煌定会光顾你！

　　人生之路充满选择和转折，当你处在人生的低谷时，可能就预示着转折的来临。人生的不幸向人们昭示的不纯粹是灾难，它或许告诉你原来的那种活法不适合你，或许告诉你原来的要求、目的和现实有偏差，它用不幸来提示你，让你暂时地心灰意冷，给你一个静心思考的机会。这个时候，你如果能抓住冥冥之中命运之神给你的这个暗示，你前面的路就会豁然开朗。

正能量情绪修习课：5步塑造优势性格

人生的悲剧很多时候是性格所致，《三国演义》里的关羽，过五关、斩六将，英勇无敌，但因性格刚愎自用，最终败走麦城而死。在现实生活里，因性格不好发脾气导致的悲剧更是屡见不鲜。

孔子说，五十而知天命。并不是说他已经预先知道了天命，预测到了自己的未来，而是说他已经懂得了自己该做什么和如何去做。实际上，这就是将外在的命运内化为自己的性格。

俗话说：性格决定命运，一个人能力再强，但性格有问题，就会影响他能力的发挥。心理学家研究发现：不良的性络组合是造成神经官能症的重要原因，例如：敏感、多疑、固执、自卑、内向、急躁、容易发脾气、以自我为中心、过分关注别人对自己的评价等。

人生就是一出性格的悲喜剧。性格对人生有着重大的影响。有人将性格比喻为生命的"指挥仪"和"导向仪"，由此可见，保持良好的性格对人来说是多么重要。有了健康的性格，才能享有健康的人生。

命运本身也许并无好坏之分，以什么态度来对待它，才是命运好坏的根本原因。而改变自己的命运就要从改变性格做起，改变虽不容易，却有着现实的可行性。

性格具有很大的可塑性，良好性格的形成更离不开后天的培养。只要从小事做起、从现在做起、从身边事做起，就可以逐渐形成有影响力的性格。

自我性格的培养和完善需要相当长的一个过程，你可以试着通过下面的途径来不断完善自己的性格。

1.通过交友来培养自己的性格

通过与朋友的交往，我们可以从他们身上学到好的性格特征。此外，在与朋友交往的过程中，通过比较你可以发现自己性格中的缺点。这样，你就可以有针对性地完善自己的性格。

2.通过读好书来培养自己的性格

一本好书可以影响人的性格形成，乃至影响一个人的一生。二十几岁的年轻人，应该在空闲的时候多读一些好书。

3.在工作中培养良好的性格品质

（1）培养认真负责的性格品质。每个老板都喜欢认真负责的员工。

（2）主动进取的性格。面对竞争压力，你只有开拓进取。

（3）团结合作的性格。你只是一颗小螺丝钉，只有大家一起努力，工作才能顺利开展。

（4）处世灵活的性格。交往的最高境界是掌握好分寸，尊重别人也尊重自己。

4.在体育锻炼中培养性格

体育锻炼对人的性格培养有重要作用，国外有关专家的研究表明，一些项目的体育锻炼可以培养人良好的性格品质。这些性格品质包括：决心、进取心、自信心、坚韧性、责任感、勇敢、果断、主动性、独立性和自制力等。

5.在业余爱好中培养自己的性格

　　健康的爱好既可以使我们从中获得巨大的乐趣，也可以使我们的性情得到陶冶。比如，旅游可以使我们欣赏一些名山大川，培养我们对大自然和世界的热爱；练习书法可以培养我们诚实勤奋、一丝不苟的性格特征；集邮和钓鱼等爱好可以培养我们认真、仔细和耐心的性格特征；下棋、打牌可以培养我们思维的灵活性，等等。

　　每一个渴望成功的人所要做的不是怨天尤人，不是等待徘徊，而是塑造自己的性格，把握个人的命运。千万不要成为性格的牺牲品，一步一步跌入自己导演的悲剧中。

Part07

心高气傲是小本事，谦逊和气是大本事

♡ 可以有傲骨，但不能有傲气

人可以有傲骨，但不能有傲气。巴甫洛夫说："绝不要骄傲。因为一骄傲，你们就会在应该同意的场合固执起来；因为一骄傲，你们就会拒绝别人的忠告和友谊的帮助；因为一骄傲，你们就会丧失客观方面的准绳。"

人们最不喜欢的人中，有相当部分是好在别人面前自傲夸耀自己的人。当我们有一件值得称赞的事情被人发觉之后，人们自然予以称颂；但若我们自我夸耀地叙述出来，只能得到别人的反感和轻视。

在我们一生中是否说过这些话："幸好他听从我的指点，否则他不会有今日的成就"；"这帮家伙都是蠢东西，不知他们整天忙的什么，我毫不费力就把它研究出来了"；"你瞧，我这事做得多漂亮！你能够和我比吗？"……这一句句夸耀的话都犹如一粒粒恶的种子，从我们的口中出去种在别人的心里，滋长出厌恶的幼芽。

爱自我夸耀的人，是找不到真正的朋友的。因为他自视清高，鄙视一切，不大理会别人的意见。这种人只会吹牛，朋友们避之唯恐不及。这种人常自以为最有本领，觉得干什么都没有人比得上他，瞧不起别人，结果使自己成为孤立者。

有一位在工厂从事统计工作的女性，调到某机关的第一天，就与陌生的同事大谈自己的过去，说自己如何如何行，并无意间冒出一句"像我这类人在工厂都属上上人"。结果，同事都说："你是上上人，还调到我们这里干什么？"

自我表扬非但不能获得别人对自己的好感，而且是不能正确看待自己、自高自大的表现。这种人常常不作自我批评，对别人的优点视而不见，而只是高高地昂起头，好像谁也不如自己。这样的做法是为大多数人所不屑和讨厌的。自我表扬的结果就是，只向别人证明了你其实没有什么可炫耀的，同时给人一种感觉："这个人所说的话一点也不可信，别听他瞎吹。"

有一个小伙子，头脑灵活、思路敏捷，看起来确实有点儿聪明。一次，他去一家大宾馆应聘。

主持面试的客户部经理在同小伙子谈完一般情况后，便问道："我们经常接待外宾是需要外语的，你学过哪门外语，水平如何？"

"我学过英语，在学校总是名列前茅，有时我提出的问题，英语老师都支支吾吾地答不上来！"他不无自豪地说。

经理笑了一下又问："做一个合格的招待员，还要有多方面的知识和能力，你……"经理的话还没说完，他便抢着说："我想是不成问题的，我在校各门学习成绩都不错，我的接受能力和反应能力都很快，做招待员工作绝不会比别人差。"

"那么说，就你的学识来说，当一名招待员是绰绰有余了？"

"我想，是这样。"

"好吧，就谈到这里，你回去等消息吧。"

他沾沾自喜地回去等消息，可等到的消息却是不录用。

小伙子本来想自夸一番，以便获得经理的信赖，没想到结果是抬高自己，反而没给人留下好印象，失去了别人的信任。

面子是别人给的，脸是自己丢的。一个人若真正具有某种本领或才智，是会得到别人的公正赞许的，这赞美的话只有出自别人之口才具有真正的价值。

世界上本没有多少值得自我夸耀的事，如果有成绩自己不吹，别人还会来称赞；如果自己说过头了，别人就瞧不起你了。

凡是有修养的人都不随便评价自己，更不会夸耀自己。他们很明白，个人的事业行为，旁人看得清清楚楚的，好坏别人自有公道，不必自吹自擂。与其过分夸耀自己，不如表示谦逊。

♥ 有本事也用不着"才大气粗"

一般来说，人们称狂妄轻薄的少年为"狂童"，称狂妄无知的人为"狂夫"，称举止轻狂的人为"狂徒"，称自高自大的人为"狂人"，称放荡不羁的人为"狂客"，称狂妄放肆的话为"狂言"，称不拘小节的人为"狂生"……

有的人依恃着自己的才能、学识、金钱等目空一切，狂妄自大。"狂"其实是不好的、要不得的，做人如果与"狂"相结合，便会失去人的常态，便会产生不文雅的名声。

狂妄与无知是联系在一起的，"鼓空声高，人狂话大"。举凡狂妄的人，都会过高地估计自己，过低地估计别人。他们口头上无所不能，评人评事谁也看不起，总是这个不行，那个也不中，只有自己最好；在他们眼里，自己好比一朵花，别人都是豆腐渣。

有的人读了几本书，就自以为才高八斗，学富五车，无人可比，现时的文学大家、科学巨匠全部不在话下；有的人学了几套拳脚，自以为武功高强，身怀绝技，到处称雄，颇有打遍天下无敌手的气势。然而，狂妄的结局大多都是自毁，是失败。

骄傲是前进路上一个最大的阻力。它总是怂恿人对镜自赏，洋洋得意，自我感觉超过了现实。这种虚幻的良好感觉是无知、褊狭和傲慢的同行者，是对积极进取、朴实和谦恭的完全背道而驰。这种错误的思维在伤害他人的同时，也在伤害你自己——它使你远离现实，阻止你达到完美和正直。

有人曾说过："伟大只不过是谦逊的别名。"虚怀若谷的人，不会被头上各色各样的光环所蒙蔽。他清楚自己的长处与弱点、失败与成就。他能虚心接受不同的意见，更能以宽广的胸怀接受他人的批评，甚至为批评自己的人鼓掌。

苏联教育家苏霍姆林斯基说过："谦逊是爱好劳动、尽心竭力、坚定顽强的亲姊妹。夸夸其谈的人从来不是勤奋的劳动者。脑力劳动是一种需要非常实际、非常清醒、非常认真的劳动，而这一切又构成谦逊的品德——谦逊好像是天平，人用它可以测出自己的分量。傲慢具有很大的危险性——这是现代人常见的通病，它往往表现在：把对于某种复杂事物的模糊的、肤浅的、表面的印象当做知识。"

人们常说："天不言自高，地不言自厚。"自己有无本事，本事有多大，别人都看得见，心里都有数，不用自吹，更不能狂妄。没有多少人乐意信赖一个言过其实的人，更没有一个人乐意帮助一个出言不逊的人。做人要以谦抑为上，不可自作聪明地显示、夸耀自己的才能和实力。只有这样，才能不被人妒忌。

我们要养成善于正确看待自己优缺点的习惯。无论人家怎样夸奖你，你都要明白，你还远不是个尽善尽美的人。你要懂得，人们赞扬你，多半是要求你要做得更好。如果你不再进行自我锻炼和自我教育，那就是一种自高自大的表现。

💙 不可一世不如谦虚称霸

谦虚不但是人类的美德，更是一种从容的心态。谦虚之心，才能给人生留出更大的空间。有了不上巅峰的坦然，才能爬上更高的山峰。没有最高只有更高，谦虚的人生才是不断高攀的人生。

提起姚明，可谓家喻户晓。这个身高超出2米的篮球明星深得人心，即使他已经取得了令人骄傲的成绩，可是谦虚的特质依然在他身上显现。对他而言，谦虚是他不能放弃的美德。即使在把谦虚看作虚伪或无能的美国，姚明也没有放弃他的谦虚。在一场球赛中，当他贡献了41分的时候，他依然没有给人盛气凌人、不可一世的感觉，面对记者他依然谦逊地评价自己，即使在奥尼尔面前，他取得了绝对优势，他也没有炫耀自己，而是夸赞对方。记得有一次，美国媒体称赞他是NBA的第一中锋时，他只是谦虚地回答道："我会做得更好。"在姚明身上，他谦虚的优点或许大大亮过他的篮球得分，中国传统的谦逊文化被他完好地传播和发扬。

东汉初时，名将冯异在建立东汉王朝的战争中屡立功勋，但是他在每次战争后，都是独自一人躲在大树下静思功过，从来没有聚集一帮人摆庆功宴等等，因此世人称赞他是"大树将军"，同时也为他的谦虚的品质折服。

谦虚能拉近人与人之间的距离。"三人行，必有我师焉。"如果总是高高在上、自以为是，那么只能是故步自封，永远也得不到大的发展。

居功自傲的人是目光短浅的，他们容易因为一次两次的成功就自以为是，放弃继续进步的旅程。世界上是没有真正的巅峰的，只要生命在，那么我们就可以继续努力，继承了这样的美德，才能保有一颗谦虚之心。自吹自擂、自我膨胀只会导致最终的梦想破裂，一个真正懂得人生的人是不会把时间浪费在吹嘘上的，虚心学习别人的长处，才能实现自我超越。

谦虚是一种美好的道德修养，有了这样的修养，人生才更加美丽和充实。常怀有谦虚的心态，才能不断地自我升华。对于谦虚的人而言，人生是一个永远也注不满水的瓶子，他们不断地扩大自己的心胸，不断地吸收精华，才能天天都有新的进步。

💚 盛气凌人招人厌，谦虚为人得人心

谦虚自然地与人相处，别人舒服，自己也舒服。谦虚不是抬高别人，也不是贬低自己。谦虚恰恰是一种有容忍他人的能力，是成功者的胸怀。

学识丰富的人，由于对知识过于自信，多半不容易接受别人的意见。不仅如此，他们往往强迫别人接受自己的判断，或擅自做决定。

　　一旦这么做，将会导致什么后果呢？被压制的人会觉得受到侮辱、伤害，而不会心甘情愿地听从。他们可能会愤怒、反抗，更严重的也许会诉诸法律。这样的人应懂得，知识要丰富，态度要谦虚。

　　随着知识量的增加，你必须要更加谦虚。即使谈到自己有把握的事，也要装出不太有把握的样子。陈述自己的意见时，切勿太过武断。若想说服别人，就先仔细倾听对方的意见。这种程度的谦虚，是不可或缺的。要是你讨厌被批评为假道学或俗不可耐，也不喜欢被认为没有学问，那么最好的方法就是不要故意卖弄学问，用和周围的人同样的方式说话。不要刻意修饰措辞，只要纯粹地表达内容即可，绝对不可让自己显得比周围的人更伟大，或更有学问。

　　知识恰似怀表，只要悄悄地放在口袋里就好。没有必要为了炫耀而从口袋中取出来，也不必主动告诉别人时间。若有人问你时间，只要回答那个时间即可，因为你并不是时间的守护者，所以假如别人不问，也不必主动告知。

　　学问好似不可缺少的有用装饰品。如果身上少了这样东西，想必会觉得丢脸。不过，为了避免犯下前述的过错而招致诽谤，则必须十分谨慎。

　　很多步入社会的年轻人，最容易忽视这个问题，由于年轻，所以气盛，互不相让，从而使自己或他人陷入尴尬的境地。

　　当你指出别人的错误时，无论你采取什么方式，即使一个蔑视的眼神、一种不满的腔调、一个不耐烦的手势，都会使对方产生极大的不满。你以为他会同意你所说的吗——即使你说的是对的？一般不会。因为你否定了他的智慧和判断力，打击了他的荣耀和自尊心，同时还伤害了他的感情。他不但不会改变自己的看法，可能还会进行反击，这时，你就是搬出所有柏拉图或康德的逻辑也无法说服他。

永远不要对别人说："看着吧！你总有一天会知道我是对的！"这等于说："我会让你改变看法，我比你更聪明。"——这难道不是一种挑战么？在你还没有开始证明对方的错误之前，他已经准备迎战了。

我们对于自己的成就永远不要得意忘形。我们要谦虚，只有这样，才会受到欢迎。做人要做到比别人聪明，但不要告诉人家你比他更聪明。这才是明智的。

♡ 低一低高昂的头

我们常常说要抬头挺胸，昂首走路，但是有时不妨低低头。

深圳街头矗立着许多雕塑，在这些雕塑中有一头牛，它的显著特征就是低着头。创作这座雕塑的艺术家的用意大概是：面对喧嚣的尘世、纷扰的人群，我们没必要表现出傲慢、怪异和过分张扬的样子，而应把自己的言行举止融入人群当中，并始终把自己看做是社会上普普通通、实实在在的一员。

面对社会，我们没必要牛气冲天。美国的伟人富兰克林，年轻时曾去拜访一位德高望重的老前辈。那时他年轻气盛，挺胸抬头迈着大步，一进门，他的头就狠狠地撞在门框上，疼得他一边不停地揉搓，一边看着比他的身子还要矮一大截的门。出来迎接他的前辈看他这副样子，笑笑说："很痛吧！可是，这将是你今天访问我的最大收获。

一个人要想平安无事地活在世上，就必须时刻记住：该低头时就低头。这也是我要教你的事情。"

现实世界中的每个人面对的不光是蓝天高挂，"屋檐下"的挤压、拍打谁也逃不过，"该低头时就低头。"一个"该"字说明了低头的恰到好处，而不是丢掉尊严、人格和做人的原则，这句话的另一层意思就是，不该低头的时候绝不低头。

俗话说："人在屋檐下，不得不低头。"从做人姿态方面来说，人在屋檐下，有时要低头。所谓的"屋檐"，说明白些，就是别人的势力和范围。只要你在这势力范围之中，并且靠这势力生存，那么你就在别人的"屋檐"下了。这"屋檐"都是低的！进入别人的势力范围时，你会受到很多有意无意的排斥。这种情形在所有人的一生当中几乎都出现过，除非你有自己的一片天空，是个强人，不用靠别人来过日子。可是你能保证一辈子都可以如此自由自在，不用在别人"屋檐"下避避风雨吗？所以，在别人屋檐下的心态就有必要好好做些调整了。

要想达到目的，必须从头开始，低头拉车，抬头看路。所谓"登高必自卑，行远必自迩"；正如爬山，你只好低着头，认真耐性地去攀登。到你付出相当的辛劳努力之后，登高下望，你才可以看见你已经克服了多少困难，走过来多少险路。这样一次次的小成功，慢慢才会累积成大的更接近理想目标的成功。

我们常常不愿低头，怕辱没了自己，但是，要想成功，就必须学会低头，因为学会了低头你也就学会了审时度势，把握全局，小忍大谋。学会了低头，你就能顺利跨越生活中意想不到的低矮"门框"而免受无谓的伤害。偶尔的低头，并不是怯懦的背叛，而是一种自我保护和前行的必须，要时刻做好心理准备去弯腰低头避开障碍。

该低头时就低头，不是逆来顺受和甘受屈辱与压迫，而是你对世态炎凉的感知所采取的自我保护策略；该低头时就低头，是对利益的权衡所做出的选择，而不是消极避世，也不是不去抗争，是你知晓这现实世界里充斥着辩证的法则，它需讲究一些做人的技巧。有道是"鸷鸟将击，卑飞敛翼；猛兽将捕，弭耳俯伏；圣人将动，必有愚色"。有时候，退一步方能海阔天空；不与人一般见识，方显得你大度宽容。

♡ 放下锐气，低调做人

罗讷尔出生于德国的一个电器世家，他的父亲是德国首屈一指的电器商，然而罗讷尔大学毕业后并没有直接继承家业，反而选择到一个名不见经传的小工厂上班。

他的父亲认为这是一种最好的磨炼，谆谆告诫自己的儿子："去别人的地方工作，千万别摆什么架子，要忘记你的父亲是谁，一切从头开始，自己去争取别人的帮助。"

虎父无犬子，罗讷尔平易近人并且吃苦耐劳，自愿从最底层的工作做起，即使这些粗重的工作常使罗讷尔做得筋疲力尽，甚至受伤流血，他也没有半句怨言。

遇到困难时，罗讷尔会不耻下问，虚心地向其他工人讨教，就连看门的管理员、厕所的清洁工都成了他闲聊的好伙伴。

日子久了，工人们渐渐忘掉了罗讷尔的身份背景，不再心存成见，把他当成了推心置腹的好同事。每个人都愿意把自己所知倾囊相授，这使罗讷尔受益匪浅，很快他就对电器业的经营了如指掌了。

有了这么好的经验作基础，罗讷尔的父亲总算可以放心地把公司的经营权移交到他手上。接棒后，罗讷尔不忘父亲的教诲，待员工如朋友，积极争取别人的帮助，完全没有一点架子。这样的态度果然获得了员工的全力支持，后来罗讷尔不只将公司的基业更加发扬光大，自己也没有辜负父亲的期望，成为德国电器业中举足轻重的人物。

人是社会的动物，团体的力量无穷。如果想要取得成功，那么就得先取得众人的支持，众志成城绝对好过单打独斗。

美国剧作家海曼曾说："有一天，当你发现自己的境遇都是自己一手造成的，而非源于意外、时间或命运，那是多么悲哀的事啊！"

不得人心的人，他们之所以得不到人心、抱怨别人不懂欣赏他，其实都是自己一手造成的。

春秋时代，齐顷公进攻鲁国，攻无不克，战无不胜，不只占领了鲁国大片土地，连前来救援鲁国的卫国都成了手下败将。两个战败国家连忙向晋国求救，合三国之力，准备与齐国来个决一死战。

晋国大将意气风发，千里迢迢地率领着八百辆战车来与鲁、卫两国会合。然而，齐国的大将高固骁勇善战，根本不把晋国军队放在眼里，他连夜摸黑独闯晋军大营，不但引起晋军一阵慌乱，还夺得一辆战车回营，把敌人玩弄于股掌之间，大挫对方的锐气。

齐顷公眼见手下大将如此足智多谋、身手矫捷，自觉天下无敌，便与三国联军约定次日清晨决战。

到了第二天清晨，三国联军已经严阵以待，齐军却连阵局都尚未布置好。但是，齐顷公毫不以为意，下令开战，并轻蔑地说："等我消灭了敌人之后再吃早饭吧！"

身边部将见状，连忙劝阻道："我方阵势尚未布好，不妨再多等一时半刻再下令开战。"但是，齐顷公志得意满，根本听不进去，笑着说："怕什么！他们不过是我们的手下败将，随便派几个士兵杀过去，他们就会抱头鼠窜、全军覆没了。"

于是，他亲自擂击战鼓，发动攻击，但因为缺乏准备，还没到达敌阵，齐军就已被杀得片甲不留，致使齐国大业功败垂成。

齐顷公犯了战场上的两个大忌，一是"轻敌"，二是"骄矜"。如果他能不沉迷于先前的小胜利，不高估眼前的优势，准备就绪之后再发动攻击，以齐国的实力必能横扫千军，把胜利纳为囊中之物。

人们常常因为爬得比人高，就自以为脚下的一切都是那么的渺小，忘了只要有别人爬得比你高，你在他眼中也是同样的渺小。

不知天高地厚的人，通常只能落到和齐顷公同样的下场，胜利就在眼前，却因为你不晓得把握时机，随随便便就出手，不但没有获得胜利，反而把它赶跑了。

高傲孤僻其实一点帮助也没有，要想成为社会的一分子，就必须先放下身段，只有放下架子和包袱，才能成为更优秀的人物。

♥ 说话忌逞一时的口舌之快

有的人虽然态度谦恭，却由于与人沟通时，好逞一时的口舌之快，常常在不经意间以言语冒犯人。在一定程度上，言语冒犯带来的恶劣后果要大于"盛气凌人"。言语冒犯有轻有重，轻者，惹人不高兴；重者，则可能伤及人的面子、自尊，让人产生报复的心理。

因言语冒犯引发的不愉快是常有的。有的人说话随意，不考虑对方的反应，不考虑说出的话会导致什么后果，常常会给自己惹麻烦。而言语谨慎，不冒犯对方的人，哪怕面对的是一个十足的无赖，也能够化险为夷。

梁先生是个口无遮拦、直来直去的人。有一次，他在保龄球馆和同事打球，对方是初学，技术自然不行。出于好心，他便教起对方来。打球过程中，他一会儿说人家"真臭"，一会儿说："你这人看起来挺精明的，怎么学打球这么笨。脑子是不是进水了？"气得同事不客气地说："你说话可不可以委婉点？""什么委婉，你笨就笨嘛，还不让人说了。真是的。"同事气得无语，转身走了，两个人闹得十分不愉快。

说者无意，听者有心。一句不经意的话可能随口而出，但在听者看来却另含他意，似有所指，结果导致了不该发生的误会。你是不是也常常遇到这样的麻烦？你的一句话被别人联想引申成了多重含义，表扬赞赏的话还无妨，要是批评或指责的"不良"信息，很可能被人误解，认为你是有意含沙射影，指桑骂槐。尽管你费尽口舌百般解释，也"越抹越黑"，有理也说不清了。

因此，在社交场上，说话不得体是与人交谈的大忌。许多争吵，甚至发生在平素关系非常密切的同学、朋友、同事之间，很大一部分原因就是说话不讲艺术，使对方误解，以致造成彼此的隔阂。

所以，和人交谈，忌逞一时的口舌之快，更不可恶语冒犯，使人不快甚至痛苦。

言语可以是蜜，客客气气地让人听了心里舒服；言语又能变成一把刀，锋利地刺得人心里流血。前者会使人对你心生好感，后者则会让人对你痛恨不已，甚至心生报复。

"直言直语"是人性中一种非常可爱的值得大家珍惜的特质，因为唯有直言直语才能让是非得以分明，让正义邪恶得以分明，让美和丑得以分明。只是在与人交往中，不加刀鞘的"直言直语"却给这种性格的人以致命伤。

喜欢"直言直语"的人说话时常只看到现象或问题，也常只考虑到自己的"不吐不快"，而很少考虑旁人的立场、观念以及心理感受。这样就会使别人时时陷入窘境，甚至产生忌恨心理，于是，人际关系就会出现阻碍。别人不能离你远远的，那就想办法把你赶得远远的，眼不见为净，耳不听为静。

喜欢直言直语的人一般都具有"正义倾向"的性格，言语的爆发力、杀伤力很强。有时候这种人也会变成别人利用的对象，鼓动你去揭发某事，或攻击某人。不管成效如何，这种人都是最终的受害者。

说话是为了恰当地表达自己的思想和见解，而不是光图嘴巴痛快而信口开河，想说什么说什么，完全不管对方是否愿意听。要想建立更广泛的社会关系，取得人际上的新突破，就要避免因语言不得体而带来的人际冲突，有必要懂得不同类的人群的心理，懂得与他们沟通的方法。

直言直语是一把双面利刃，而不是一把可以披荆斩棘的开山斧。在你语言的刀子上加一把刀鞘，让你的语言委婉一些，不要冒犯别人。否则，这把刀子砍伤了别人后，也会砍伤自己。

♡ 脾气少一点，"弱气"多一点

三国中的曹操可谓乱世枭雄，一世豪杰，他没把谁放在眼里，"青梅煮酒论英雄"更是预见准确，那些所谓"英雄"都被他琢磨透了。

智者千虑，终有一失。他这一疏忽，就被司马氏抢了江山。

据说曹操知道司马懿有大志，又听说他有"狼顾"之要。什么是"狼顾"？狼的头和脖子可以左右转180度，司马懿生有异相，身躯、肩膀不动，头可以向后转180度。曹操认为司马懿"狼顾"，就是狼心狗肺，心术不正。

但是司马懿每天勤于公务，废寝忘食；从公文到马匹，从内务到外勤，事必躬亲，吃苦耐劳，工作做得井井有条；对曹操更是毕恭毕敬，唯其马首是瞻。久而久之，生性多疑的曹操也放下心来，认为他是一个胆小怕事的人。殊不知，这些都是司马懿装出来的。

司马懿不仅骗过了曹操，也骗过了曹丕。他无论身居何职，都用各种方式不温不火地向曹丕表示忠诚。在他的努力下，曹丕一步步登顶，司马懿的权力也越来越大。

密藏不露是自我保护的重要手段，它会减少遭到别人暗算或报复的机会。

曹芳继位后，曹爽掌权，为排挤司马懿，对司马懿明升暗降，剥夺了兵权。自此曹爽放心玩乐，后来听说司马懿有病，派人假意辞行以探虚实。司马懿老态龙钟，听不清别人说话，双手颤抖，进食困难（当然这又是装的），至此曹爽心中的戒备一丝都没有了。谁想当他在野外游猎正浓时，却被司马懿父子端了老窝，稍后又夺取了兵权，曹爽后来被斩首。

司马懿在自己的上司面前，巧妙地表现了自己的"懦弱"，从来没有功高盖主的举动，将自己的真实力量和野心都掩藏起来，最终赢得了天下。

古人云："鹰立如睡，虎行似病，正是它攫鸟噬人的法术。故君子要聪明不露，才华不逞，才有任重道远的力量。"因此，以弱点示人，既可以保护自己免受伤害，当条件成熟时，又可叫敌人防不胜防，一举成功。

孙膑和庞涓都是鬼谷子的学生，后来各为其主领兵打仗，昔日同窗今日却成了对手冤家。孙膑技高一筹，斗智不斗力，隐强示弱，逐渐减少兵灶数目。庞涓认为孙膑兵力在逐渐减少，自然大喜，命令手下军士抛下辎重，轻装上阵，紧追不舍。最后两军战于马陵，孙膑集合全部兵马给庞涓以迎头痛击，大煞敌人威风，可怜庞涓羞败，只好自刎而死。孙膑减灶，逼死庞涓，传为千古美谈。

适当地表现出自己的"懦弱"并不意味着真的胆小怕事，以弱示人往往会有更大的收获。

♡ 有一种气质叫谦逊

大凡英雄豪杰，胸怀大志，打算干一番轰轰烈烈的事业的人，都能屈能伸。这就好比一个矮小的人，要登高墙，必须要寻找一个梯子作为登高的台阶，假如一时寻找不到梯子，那么，即使旁边有一个马桶，未尝不可利用作为进身的阶梯。假如嫌它臭，就爬不到高墙上去。

韩信年少时曾受过胯下之辱，但他并不是懦夫。他之所以能忍受这样大的屈辱，是因为他的人生抱负太大了，没有必要小不忍则乱大谋。后来跟随刘邦逐鹿中原，风云际会，先后作过齐王和楚王。在他与部下谈起这件事时说："难道当时我真没有胆量和力量杀那个羞辱我的人吗？而是如果杀了他，我的一生就完蛋了，我忍住了，才有今天这样的地位和成就。"

人们在制定理想和目标时，往往在实践过程中都会遇到这样那样的困难和挫折，致使你气愤、胆怯、自卑、情绪冲动、灰心丧气、意志动摇等，立志愈高，所遇到的困难就愈大，猝然临之而不惊，无故加之而不怒，这就是大丈夫能屈能伸、乐观坚毅精神的表现。

一场大雪过后，树林子出现了有趣的现象，只见榆树的很多枝条被厚厚的积雪压得折断了，而松树却生机盎然，一点儿也没有受到伤害。原来榆树的树枝不会变曲，结果冰雪在上面越积越厚，直到将其压断，实在是备受摧残；而松树却与之相反，在冰雪的负荷超过自己的承受能力时，便会把树枝垂下，积雪就掉落下来。松树树枝因能向下，使雪易滑落，所以枝干依旧挺拔，巍然屹立。

能屈能伸，刚柔相济，正是这种气度和风范使松树经受了一场暴风雪的洗礼。

人世间的冷暖是变化无常的，人生的道路是变化无常的，当你在遇到困难走不通时，或许退一步就会海阔天空；当你在事业一帆风顺的时候，一定要有谦让三分的胸襟和美德，应该把功劳让与别人一些，不要居功自傲，更不要得意忘形。该进则进，该退则退，能屈能伸。

一个人要想在世上有所作为，"低头"是少不了的。低头是为了把头抬得更高更有力。现实世界纷纭复杂，并非想象的那么一帆风顺，面对人生旅途中一个个低矮的"门框"，暂时的低头并非卑屈，而是为了长久的抬头；一时的退让绝非是丧失原则和失去自尊，而是为了更好的前进。缩回来的拳头，打出去才有力。只有采取这种积极而且明智的初始方法，才能审时度势，通过迂回和缓而达到目的，实现超越。对这些厚重的"门框"视而不见，傲气不敛，硬碰硬撞，结果只能是头破血流，成为摆在风车面前的"唐诘诃德"。

富兰克林终身难忘前辈的忠告，将"学会低头，拥有谦逊"作为自己生活的准则和座右铭，并且身体力行，后来终成大器，卓有建树，被誉为"美国之父"。

正能量情绪修习课：低调做人4准则

低调做人，你会一次比一次稳健；高调做事，你会一次比一次优秀。

1.在心态上要低调

不恃才傲物：当你取得成绩时，你要感谢他人、与人分享、为人谦卑，这正好让他人吃下了一颗定心丸。如果你习惯了恃才傲物，看不起别人，那么总有一天你会独吞苦果！请记住：恃才傲物是做人一大忌。

不把自己太当回事：不要把自己太当回事，才不会产生自满心理，才能不断地充实、完善自己，缔造完美人生。

功成名就保持平常心：功成名就需要一种平常的心态、谦逊的态度，不张扬不夸耀，自觉地在名利场中做看客，开拓广阔心境。

2.在姿态上要低调

谦逊为人：谦逊能够克服骄矜之态，能够营造良好的人际关系，因为人们所尊敬的是那些谦逊的人，决不会是那些爱慕虚荣和自夸的人。

谦逊是一种智慧，是为人处世的黄金法则，懂得谦逊的人，必将得到人们的尊重，受到世人的敬仰。一个懂得谦逊的人是一个真正懂得积蓄力量的人。

平和待人："道有道法，行有行规"，做人也不例外，用平和的心态去对待人和事，也是符合客观要求的，因为低调做人才是跨进成功之门的钥匙。

3.在行为上要低调

才大不可气粗：不可一世的年羹尧，因为在做人上的无知而落得个可悲的下场，所以，才大而不气粗，居功而不自傲，才是做人的根本。

不锋芒毕露：出头的椽子易烂，时常有人稍有名气就到处洋洋得意地自夸，喜欢被别人奉承，这些人迟早会吃亏的。做人要学会藏锋敛迹、装憨卖乖，千万不要把自己变成对方射击的靶子。

不能太精明：低调做人，不要小聪明，让自己始终处于冷静的状态，在"低调"的心态支配下，兢兢业业，才能做成大事业。

要想先做事，必须先做人：做好了人，才能做事。做人要低调谦虚，做事要高调有信心，事情做好了，低调做人水平就又上了一个台阶。

简朴生活：在生活上简朴些、低调些，不仅有助于自身的品德修炼，而且也能赢得上下的交口称誉。

4.在言辞上要低调

语气平和：说话和声细语，宛如柔和的月光、涓涓的泉水，由人心底流出，轻松自然，和蔼亲切，不紧不慢，能给听者以舒适、安逸、细腻、亲密、友好、温馨的感觉。

不触犯他人忌讳：在交际活动中，与你交谈的对象或许有个人特殊的忌讳，那么，你就要小心探听明白，说话时不要触及他的痛处。说话犯了忌，就会使别人把你当成不懂礼貌的莽撞之徒，如果因此与人结怨而不自知，就真要吃不了兜着走了。

　　学会赞美：学会用赞美的语言去温暖别人的心，让别人喜欢你，这本身就是交际活动中的礼仪。当然，赞美要选择适当的话题，否则，不合时宜地瞎吹乱捧，即使有"理"，也会变得"无礼"了。

　　话说合宜：见什么人说什么话，到什么场合说什么说，话说合宜，不仅能表现出自身修养的高雅，也能轻易地让人们接受你的意见或观点，使人愿意接近你，提升自己的沟通、办事效率。毕竟，没有人会喜欢那种经常口出恶言的人！

Part08

欲成一等的大事，须有一等的气量

💗 面对挑衅者就是不动气

欧玛尔是英国历史上著名的剑术高手。他有一个实力相当的对手。两个人互相挑战了30年，却一直难分胜负。有一次，两个人正在决斗的时候，欧玛尔的对手不小心从马上摔了下来。欧玛尔看见机会来了，立刻拿着剑从马上跳到对手身边。这时只要一剑刺去，欧玛尔就能赢得这场比赛了。欧玛尔的对手眼看着自己就要输了，因此感到非常愤怒，情急之下便朝欧玛尔的脸上吐了一口口水。这不仅是为了表达自己的怒气，也是为了羞辱欧玛尔。没想到欧玛尔在脸上被吐了口水之后，反而停下来对他的对手说："你起来，我们明天再继续这场决斗。"欧玛尔的对手面对这个突如其来的举动，感到相当诧异，一时间显得有点不知所措。

欧玛尔向这位交战了30年的对手说："这30年来，我一直训练自己，让自己不带一丝一毫的怒气作战，因此，我才能在决斗中保持冷静，并且立于不败之地。刚才，在你吐我口水的那一瞬间，我知道自己生气了。要是在这个时候杀死你，我一点都不会有获得胜利的感觉。所以，我们的决斗明天再开始。"

可是，这场决斗却再也没有开始。因为，欧玛尔的对手从此以后变成了他的学生，他也想学会如何不带着怒气作战。

人人都会有情绪，但是，若想成为人生战场上的常胜将军，你就得学会好好控制它。

一个人在受到挑衅的时候是很容易生气的，而一旦生了气，就会做出缺乏理智的事情。

面对挑衅，首先最大度的做法是宽容和忍耐。

有一位朋友开车去上班，突然，马路上杀出一个醉汉拦住了他的车，非说撞了他，并让这位朋友下车道歉。这在以前，他会上去给醉汉两拳，这一次他却没有。他想了想就下了车，和颜悦色地对醉汉说："对不起，请你原谅我。"那位醉汉拍了拍他肩膀说："哥们儿，冲你这句话，走人。"他回到车上，一点也没觉得受了委屈，反而有一种战胜自我的愉悦感。

其次，可以进行合理的回击，但是，方法一定要巧妙。

大文豪萧伯纳的新作《武装与人》首次公演，获得了很大成功。广大观众在剧终时要求萧伯纳上台，接受大家的祝贺。可是，当萧伯纳走上舞台，准备向观众致意时，突然有一个人对他大声喊道："萧伯纳，你的剧本糟透了，谁要看！收回去吧，停演吧！"

观众们大吃一惊，心想，萧伯纳这回一定会气得浑身发抖，并用高声的抗议来回答那个人的挑衅。谁知萧伯纳不但没有生气，反而笑容满面地向那个人深深鞠了一躬，彬彬有礼地说："我的朋友，你说得很对，我完全同意你的意见。但遗憾的是，我们两个人反对这么多观众有什么用呢？就算我和你意见一致，可我俩能禁止这场演出吗？"几句话引起全场一阵暴风雨般的掌声。那个故意寻衅的家伙，在观众的掌声中灰溜溜地走了。

当众遭人挑衅是一件难堪的事情，如果对故意寻衅者反唇相讥，必定会激化矛盾，不如先大度地赞赏对方，使其失去锋芒，然后点明其孤立难堪的地位，使对方不战而败。

♥ 以责人之心责己，以恕己之心恕人

子贡曾问孔子："老师，有没有哪一个字，可以作为终身奉行的原则呢？"孔子说："那大概就是'恕'吧。"孔子说的"恕"，用今天的话来讲，就是宽恕。宽恕在《现代汉语词典》上是这样解释的：宽大有气量，不计较，不追究。纵观古今，因宽恕对手而传为佳话的事例不胜枚举。

西汉末年，刘秀在河北与自立为帝的王郎展开大战，王郎节节败退，逃进邯郸城里。经过20多天的围攻，刘秀大军攻破邯郸，杀死王郎，取得胜利。在清点缴来的书信文件时，发现了一大堆刘秀的部下私通王郎的信件。这些信件有好几千封，内容大都是吹捧王郎，攻击刘秀的，写信的都是刘秀一方的人，有官吏，也有平民。对此，有人很气愤，说这些人叛国投敌，应该统统抓起来处死。曾经给王郎写信的人，则提心吊胆，十分害怕。刘秀知道后，立即召集文武百官，把那些信件取过来，连看也不看，就命人当众把它们扔到火盆中烧掉了。刘秀对大家说："有人过去私通王郎，做了错事，但事情已经过去了，可以既往不咎。希望那些过去做了错事的人从此安下心来，努力工作。"刘秀的这番话，让那些私通王郎的人松了一口气，他们非常感激刘秀，甘愿为他效劳。刘秀私下对人说："如果追查，将会使许多人恐慌，甚至成为我们的死敌。而不计前嫌，则可化敌为友，壮大自己的力量。"刘秀的不计较使自己众望所归，终成帝业。

出生于平民家庭的加拿大总理克雷蒂安其貌不扬，一耳失聪，连英语也说不好，可就是这样一个人却能平步青云，三度登上总理宝座，成为加拿大政坛的"常青树"，他的成功之道在于不树敌、肯助人，有着"宰相肚里可撑船"的度量。1993年，保守党在大选中惨败，失去总理宝座的保守党主席坎贝尔难辞其咎，被迫辞去党主席职位。赢得胜利的克雷蒂安总理给这位失去栖身之所的昔日对手，安排了一间办公室和一个秘书，让他从事文件整理工作。1年后，克雷蒂安又给失业的坎贝尔准备了两个供他选择的职位——驻俄国大使或驻洛杉矶总领事，坎贝尔选择了后者——一份年薪12万加元、部长级待遇的工作。

克雷蒂安就是这样以其过人的容人之量把夙敌化为朋友，他对政敌的宽恕，为自己创造了一个融洽的人际环境，铺就了一条通向成功的道路。

宽容对手不是迁就，也不是软弱，而是一种修身之法，是一种充满智慧的处世之道。"以恕己之心恕人则全交，以责人之心责己则寡过"，就是告诉我们，对己可以严厉一些，但对人一定要宽恕一些，因为宽恕他人其实就是抬高自己。

💗 有大气量才有大事业

古希腊神话中有一位大英雄叫海格里斯。一天他走在坎坷不平的山路上，发现脚边有个袋子似的东西很碍脚，海格里斯踩了那东西一脚，谁知那东西不但没有被踩破，反而膨胀起来，加倍地扩大着。海格里斯恼羞成怒，操起一条碗口粗的木棒砸它，那东西竟然长大到把路堵死了。

正在这时，山中走出一位圣人，对海格里斯说："朋友，快别动它，忘了它，离它远去吧！它叫仇恨袋，你不犯它，它便小如当初，你侵犯它，它就会膨胀起来，挡住你的路，与你敌对到底！"

我们生活在茫茫人世间，难免与别人产生误会、磨擦。如果不注意，在我们轻动仇恨之时，仇恨袋便会悄悄成长，最终会堵塞了通往成功之路。

如果所有美德可以自选，我们就先把宽容挑出来吧。也许平和与安静会很昂贵，不过拥有宽容，我们就可以奢侈地消费它们。宽容能松弛别人，也能抚慰自己，它会让我们把爱放在首位，万不得已才动用恨的武器；宽容会使我们随和，把一些人很看重的事情看得很轻；宽容还会使你不至于失眠，再大的不快，再激烈的冲突，都不会在宽容的心灵里过夜。于是，每个清晨，我们都会在希望中醒来。一旦我们拥有宽容的美德，我们将一生收获笑容，收获别人的爱。

一个真正有爱心的人，懂得用一颗宽容的心去对待周围的人和事。宽容不但是做人的美德，也是一种明智的处世原则，是人与人交往的"润滑剂"，是一种表达爱的特殊方式。常有一些所谓厄运，只是因为对他人一时的狭隘和刻薄，而在自己的前进路上自设的一块绊脚石罢了；而一些所谓的幸运，也是因为无意中对他人一时的恩惠和帮助，拓宽了自己的道路。

我们生活在一个越来越不忽视私利的环境里，但倘若太吝惜自己的私利而不肯为别人让一步路，这样的人最终会无路可走；倘若一味地逞强好胜而不肯接受别人的一丝见解，这样的人最终会陷入世俗的河流中而无以向前；倘若一再地求全责备而不肯宽容别人的一点瑕疵，这样的人最终宛如凌空在太高的山顶，会因缺氧而窒息。

曾有人把人比喻为"会思想的芦苇"，因为弱小易变，因而情绪的波动，随时都在改变人们对事物的正确了解。人非圣贤，就是圣贤也有一失之时，我们何以不能宽容自己和别人的失误？宽容并不意味对恶人横行的迁就和退让，也非对自私自利的鼓励和纵容。谁都可能遇到情势所迫的无奈，无可避免的失误，考虑欠妥的差错。所谓宽容就是以善意去宽待有着各种缺点的人们。因其宽广而容纳了狭隘，因其宽广显得大度而感人。犹如水一样，以自己的无形而包容了一切的有形。

♡ 宽容能化解一切怨气

宽容，意味着你已经不会再用别人的错误来惩罚自己，也意味着你已经由一个平凡的人升华到一个不平凡的人。

第二次世界大战期间，一支部队在森林中与敌军相遇，激战后，两名战士与部队失去了联系。这两名战士来自同一个小镇。

两人在森林中艰难跋涉，他们互相鼓励、互相安慰。十多天过去了，仍未与部队联系上。这一天，他们打死了一只鹿，依靠鹿肉又艰难度过了几天。可也许是战争使动物四散奔逃或被杀光，这以后他们再也没看到过任何动物。他们仅剩下的一点鹿肉，背在年轻战士的身上。这一天，他们在森林中又一次与敌人相遇，经过再一次激战，他们巧妙地避开了敌人。

就在自以为已经安全时，只听一声枪响，走在前面的年轻战士中了一枪——幸亏伤在肩膀上！后面的士兵惶恐地跑了过来，害怕得语无伦次，抱着战友的身体泪流不止，并赶快把自己的衬衣撕下包扎战友的伤口。

晚上，未受伤的士兵一直念叨着母亲的名字，两眼直勾勾的。他们都以为自己熬不过这一关了，尽管饥饿难忍，可他们谁也没动身边的鹿肉。天知道他们是怎么过的那一夜。第二天，部队救出了他们。

事隔30年，那位受伤的战士安德森说："我知道是谁开的那一枪，他就是我的战友。当时在他抱住我时，我碰到他发热的枪管。我怎么也不明白，他为什么对我开枪？但当晚我就宽容了他。我知道他想独吞我身上的鹿肉，我也知道他想为了他的母亲而活下来。此后30年，我假装根本不知道此事，也从不提及。战争太残酷了，他母亲还是没有等到他回来，我和他一起祭奠了老人家。那一天，他跪下来，请求我原谅他，我没让他说下去。我们又做了几十年的朋友，我宽容了他。"

受伤的士兵明知道是战友伤害了他，但他能看在朋友的伤上原谅战友，这是宽容的最高境界，能够在自己生命受到威胁的时候设身处地地去替别人着想，原谅别人对自己犯下的过错，这是一种以德报怨的伟大精神，如此大度的宽容必定会消融所有仇恨，赢得一个充满温馨的世界。释迦牟尼说：以恨对恨，恨永远存在；以爱对恨，恨自然消失。

宽容地对待你的对手，你会感受到退一步海阔天空的喜悦，也能体会到人与人之间化干戈为玉帛、达到心灵沟通的幸福，更会收获对方因自己的宽容而回心转意的欣慰。宽容，也是一个不断超越自己、超越执著的过程，我们愈能宽容，就愈能净化自己，使自己靠近光明。希望我们每一个人都能这样想：我愿意宽容，在过去、现在和未来，所有诋毁、妒忌、蔑视、欺辱、欺骗，甚至伤害、戕害、杀害我的人！

我们的心灵本是一方净土，怨恨使它成为地狱，而宽容可以把地狱变成天堂。如果我们选择了宽容，那就是选择了天堂。

学会宽容别人，就是学会宽容自己；给别人一个改过的机会，就是给自己一个更广阔的空间！

♡ "相逢一笑泯恩仇"的气魄

人生是一个多彩的舞台，它不断上演着形形色色的人情冷暖、世态炎凉，这时，不要忘记可化干戈为玉帛的"宽容"。宽容，是胸襟博大者为人处世的一种人生态度，蔺相如的宽容换来了流芳百世的将相之和。雨果也说："世界上最宽阔的是海洋，比海洋更广阔的是天空，比天空更宽阔的是人的心灵。"

谁知道珍珠是怎样炼成的？

当沙子放进蚌的壳内时，蚌便会觉得非常的不舒服，但是又无力把沙子吐出去，这时蚌就会面临两个选择，一是抱怨，让自己的日子很不好过，另一个是想办法把这粒沙子同化，使它跟自己和平共处。于是，蚌开始把它的精力和营养分一部分去把沙子包起来。

当沙子裹上蚌的外衣时，蚌就会觉得它是自己的一部分，不再是异物了。沙子裹上的蚌成分越多，蚌就会越把它当作自己，就越能心平气和地和沙子相处。

其实，蚌是没有大脑的，它是无脊椎动物，在演化的层次上很低。然而就是这样一个没有大脑的低等动物，却知道要想办法去适应一个自己无法改变的环境，把一个令自己不愉快的异己，转变为自己的一部分，相比之下有时人真的应该为自己感到汗颜。

正如沙砾进入蚌的体内一样，人生总有不如意的事，如何包容它，将它同化，纳入自己的体系，使自己的日子可以平静、幸福地过下去，恐怕是我们最需要学的一件事。

仔细想来，我们凭什么一有挫折便怨天尤人，跟自己过不去呢？打牌时，拿到什么牌不重要，如何把手中的牌打好才是最重要的。凡事固然要讲求操之在己，但是在没有主控权的事情上，是否也应该学习蚌，使自己的日子好过一些呢？

懂得宽容，才不会自私、虚伪、嫉妒，才会用宏大的气魄去感受"相逢一笑泯恩仇"的快乐。智者总会用宽容这把慧剑斩断冤冤相报的恶性循环。没有宽容的世界，永远也不会有幸福安康的地方，只有令人失望的地方。

♡ 一分气量，一分事业

人有一分气量，便有一分气质；有一分气质，便多一分人缘；有一分人缘，必多一分事业。虽说气量是天生的，但也可以在后天学习、培养。我们阅读历史，多少名人圣贤，有时不赞其功业，而赞其气量。所以气量对人生的功名事业，至关重要！有气量的人在为人处世上的表现就是豁达大度。

有这样一个故事：

一个身经百战、出生入死、从未有畏惧之心的老将军，解甲归田后，以收藏古董为乐。一天，他在把玩最心爱的一件古瓶时，不小心差点脱手，吓出一身冷汗，他突然若有所悟："为什么当年我出生入死，从无畏惧，现在怎么会吓出一身冷汗？"片刻后，他悟通了——因为我迷恋它，才会有患得患失之心，破了这种迷恋，就没有东西能伤害我了，遂将古瓶掷碎于地。

豁达者的游戏精神，即是如此。既然他把一切视为一种游戏，尽管他同样会满怀热情，尽心尽力地去投入，但他真正欣赏的，只是做这件事的过程，而不是目的——游戏的乐趣在于过程之中。那么，他也就解除了得失之心的困扰。

美国总统林肯在组织内阁时，所选任的阁员各有不同的个性：有勇于任事、屡建功勋的军人史坦顿，有严厉的西华德，有冷静善思的蔡斯，有坚定不移的卡梅隆，但林肯却能使各个性格绝对不同的阁员互相合作。正因为林肯有宽宏的度量，能舍己从人，乐于与人为善。尤其是史坦顿，那种倔强的态度，如在常人，几乎不能容忍，唯有林肯过人的心胸，使得他驾驭阁员指挥自如，使每个阁员都能为国效忠。

成功的上司总是豁达大度，决不会因下属的礼貌不周或偶有冒犯而滥用权威。所以作为上司，应该有宽恕下属的大度，这样才更能赢得下属的拥戴。

有一次，柏林空军军官俱乐部举行盛宴招待有名的空战英雄乌戴特将军，一名年轻士兵被派去替将军斟酒。由于过于紧张，士兵竟将酒淋到将军那光秃秃的头上去了。周围的人顿时都怔住了，那闯祸的士兵则僵直地立正，准备接受将军的责罚。但是，将军没有拍案大怒，他用餐巾抹了抹头，不仅宽恕了士兵，还幽默地说："老弟，你以为这种疗法对治疗脱发有效吗？"这样，全场人的紧张气氛都被一扫而光。

据说一位店主的年轻帮工总是迟到，并且每次都以手表出了毛病作为理由。于是那位店主对他说："恐怕你得换一块手表了，否则我将换一位帮工。"这话软中带硬，既保住了对方的面子，又严厉地指出了对方的过失，这样比较易于让对方接受。

作为一个领导者，必须有大度的心胸。在我们的下属中，可能有各种各样性格的人，各人的处世方式、工作能力都不相同，这就需要我们有宽宏的心胸。

♡ 容天下难容之事，成天下难成之事

哲人说，宽容和忍让的痛苦，能换来甜蜜的结果。

这句话说得诚恳而有深度，宽容是痛苦的，它意味着放弃心中的愤懑不平，将往日的种种侮辱和痛苦生生咽进肚里。这位哲人能体会到宽容者内心的矛盾和波动，是从人的内心出发，十分诚恳；同时，他又指出了宽容的必然性，因为宽容最终会换来甜蜜，而不宽容则只

能给人带来更多的痛苦。即使是从追逐快乐甜蜜远离痛苦这一"趋利避害"的简单本性出发，我们也应该在他人的伤害面前选择原谅。的确，宽容是我们面对伤害应有的态度。

现实生活中，难免会发生这样的事：亲密无间的朋友，无意或有意做了伤害你的事，你是宽容他，还是从此分手，或伺机报复？有句话叫"以牙还牙"，但这样做了，怨会越结越深，仇会越积越多，真是冤冤相报何时了。

一般人总认为，做了错事得到报应才算公平。但英国诗人济慈说："人们应该彼此容忍，每个人都有缺点，在他最薄弱的方面，每个人都能被切割捣碎。"每个人都有弱点与缺陷，都可能犯下这样那样的错误。作为肇事者，要竭力避免伤害他人，但作为当事人，要以博大的胸怀宽容对方，避免消极情绪的产生，并让彼此回到和谐的状态中来。

芝加哥人茅谭在林肯竞选美国总统期间百般刁难，不时发出批评之声。林肯当选之后，为芝加哥人茅谭在大饭店举行了一个欢迎会。林肯看见茅谭正站在角落里，虽然他曾大声辱骂过林肯，林肯却仍然很有风度地说："你不该站在那儿，你应该过来和我站在一块。"

参加欢迎会的每个人都亲眼目睹了林肯赋予茅谭的荣耀。也正因为此，后来，茅谭成为林肯最忠诚、最热心的支持者了。

原谅正是消除矛盾的有效方法，冤冤相报抚平不了心中的伤痕，它只会将伤害者和被伤害者捆绑在无休止的争吵战车上。甘地说得好，如果我们对任何事情都采取"以牙还牙"的方式来解决，以火气对火气，那么整个世界将会失去色彩。只有放下心中的隔阂，以和气对火气，彼此互相谅解，携手共进，才能共同获得事业上的成功。

♡ 吃亏何尝不是一种福气

在中国传统思想中，有"吃亏是福"一说。这是中国哲人总结出来的一种人生观。它包括了愚笨者的智慧、柔弱者的力量，领略了生命含义的旷达和由吃亏退隐而带来的安稳宁静。

如果我们知道福祸常常是并行不悖的，而且福尽则祸亦至，而祸退则福亦来的道理，那么，我们就真的应该采取"愚""让""怯""谦"这样的态度来避祸趋福。所以，"吃亏是福"不失为人生中一种特殊的处世哲学。"吃亏是福"也是一种生活的艺术。

"吃亏"大多是指物质上的损失，倘使一个人能用外在的吃亏换来心灵的平和与宁静，那无疑获得了人生的幸福。记不清哪位哲人曾写下下面这段令人怦然叫绝的文字，的确是对"吃亏是福"的最好诠释。在此引用，与大家共赏：

人，其实是一个很有趣的平衡系统。当你的付出超过你的回报时，你一定取得了某种心理优势；反之，当你的获得超过了你付出的劳动，甚至不劳而获时，便会陷入某种心理劣势。很多人拾金不昧，绝不是因为跟钱有仇，而是因为不愿意被一时的贪欲搞坏了长久的心情。一言以蔽之：人没有无缘无故的得到，也没有无缘无故的失去。有时，你是用物质上的不合算换取精神上的超额快乐。也有时，看似占了金钱便宜，却同时在不知不觉中透支了精神的快乐。所以，先哲强调：吃亏是福，就是这样一个道理。

在现实生活中，很多人以低调的姿态做着各种各样的好事，在不同的程度上，他们当然就是我们常说的"圣人"。

为人处世，应当有能吃亏的胸襟。遇到自己吃亏的事情，不要斤斤计较，不要生气，更不要向他人发脾气。你吃点亏，给别人一点好处，别人会对你产生感激之心，说不定日后你还能得到他人的帮助。今日吃亏，他日得回报。

吃亏是福，生命中吃点亏算什么！吃亏了能换来非常难得的和平与安全，能换来身心的健康与快乐，吃亏又有什么不值得的呢？况且，在吃亏后和平与安全的时期之内，我们可以重新调整我们的生命，并使它再度放射出绚丽的光芒。

"吃亏是福"的信奉者，同时也一定是一个"和平主义"的信仰者。林语堂在《生活的艺术》中对所谓"和平主义者"这样写道：

"中国和平主义的根源，就是能忍耐暂时的失败，静待时机，相信在万物的体系中，在大自然动力和反动力的规律运行之上，没有一个人能永远占着便宜，也没有一个人永远做'傻子'。"

表面上看来，"吃亏是福"会予人以不思进取之嫌，但是，这些思想也是在教导人们能成为对自己有清醒认识的人，做一个清醒正常的人。因为，一个非常明白的事实——即不需要任何理论就可以证明的是，一切的祸患，不都是在于人的"不知足"与"不安分"，或者说是不肯吃亏上吗？

人最难做到的，即"吃亏是福"的前提，一个是"知足"，另一个就是"安分"。"知足"则会对一切都感到满意，对所得到的一切内心充满感激之情；"安分"则使人从来不奢望那些根本就是不可能得到的或根本就不存在的东西。

正能量情绪修习课：3步从容应对指责

在生活中，遭到别人的指责和抱怨常可碰到。遭人指责抱怨，是件极不愉快的事，有时会使人觉得很尴尬，尤其是在大庭广众面前受到指责，更是不堪忍受。但从提高一个人的处世修养角度讲，无论你遇到哪种情况的指责，都应该从容不迫，对者有则改之，错者加以耐心解释，泰然处之。

为摆脱指责的尴尬局面，不妨采纳心理学家提出的以下几点建议：

1.保持冷静

被人指责总是不愉快的，面对使你十分难堪的指责时，要保持冷静，最好能暂时忍耐住，并作出乐于倾听的表示，不管你是否赞同，都要待听完后再作辩解。因对方的一两句刺耳的话，就按捺不住，激动起来，硬碰硬，不仅解决不了问题，还易将问题搞僵，将主动变为被动。

2.让对方亮明观点

有些指责者在指责别人时，往往似是而非，含糊其辞，结果使人不知所云。这时，你可向对方提出讲清问题的要求，态度要和气，比如"你说我蠢，我究竟在蠢在哪里？"或者"我到底干了什么傻事？"以便搞清对方究竟在指责和抱怨你什么，让对方及时亮明自己的观点和看法。这一策略往往能有效地制止指责者对你的攻击，并能将原来的攻防关系转变为彼此合作、互相尊重的关系，使双方把注意力转向共同感兴趣的问题。

3.消除对方的怒气

受到指责，特别是在你确实有责任时，你不妨认真倾听或表示同意对方对你的看法，不要计较对方的态度好坏，这样，指责完毕，气也就消了一半。即使当你确信对方的指责纯属无稽之谈时，也要对其表示赞同，或者暂时认为对方的指责是可以理解的。这会使对方无力再对你进行攻击，相反，你却可以获得更多的机会和时间进行解释，从而消释对方的怒气，使隔膜、猜疑、埋怨和互不信任的坚冰得以化解。

大多数指责者并不是出于恶意而指责别人的。但是，在现实生活中，却有极少数人为了其个人目的而对他人进行恶意中伤。对于这样的寻衅挑战者，应该坚定地表示自己的态度，不能迁就忍耐，更不能宽容而不予回击。这样会使你显得更有气魄，更有力量。

Part09

升级气场力：脾气降下来，气场升上去

好脾气好涵养，好涵养好气场

评价一个人的气质，不仅要看衣装打扮，更要看内涵。良好的外表打扮与精神美和谐的统一，这才是最好的个人气质。假如一个人没有相应的内涵，尽管打扮得很酷、很帅、很入时、很引人注目，但他（她）的气质只能是不美的。

作为个体的人的外在气质，即一个人的仪表风度、言谈举止、服饰穿戴等，是其内在气质的外化。不管是其仪表风度、言谈举止，还是服饰穿戴无不是其内在观念素质的体现。可以说，外在气质是内在素养的载体。

由此，评价一个人的气质，不仅要看衣装打扮，更要看内涵。良好的外表打扮与精神美和谐的统一，这才是最好的个人气质。假如一个人没有相应的内涵，尽管打扮得很酷、很帅、很入时、很引人注目，但他（她）的气质只能是不美的。

人的衣装打扮、内涵和个人气质的关系就如一份礼物。衣装打扮是包装，而内涵就如包装下的那份礼物，个人气质就是整份礼物。一份昂贵而又精美的礼物，如没有包装或包装得不好，就不能第一时间引人注目，以及不能给人留下印象，甚至被忽略；但一份礼物包装得非常抢眼，拆开来一看，里面的却令人大失所望，就会大大影响送礼的意义。

人的内在素质不是天生就有的，需要长期积淀，有意识地培植。

法国人说，告诉我你吃的是什么，我就能说出你是什么样的人。有一个美国人说，你穿的是什么样的衣服，你就能变成什么样的人。人们似乎活着活着突然发现自己其实连穿衣吃饭都不懂，需要从头学起，礼仪素养就这样被人们提上了重要的日程。

纵观人类社会的发展，随着社会交往的日益丰富和复杂以及人们生活节奏的日益加快，人们在交往互动中，在重视内容的基础上有越来越注重形式的趋势，交往互动日渐符号化、形式化，外在气质成为个体交往的"名片"。翩翩的仪表风度、不俗的言谈举止、得体的服饰穿戴等外在气质所展示的个人魅力，是一个人赢得他人亲近、认同、尊重的重要因素。

古人云："路遥知马力，日久见人心"；又云："酒香不怕巷子深"。这是指内在素质或内容的重要性。但在这个日新月异的快节奏的全球化、信息化社会中，人们又有多少时间来慢慢体味他人的内在素质呢？人们更多的是通过外在气质来认识、了解他人。

综上所述，人的内在气质与外在气质是有机统一的。内在气质通过人的实践活动将其内在世界对象化于外在世界，借助缤纷的外在气质而得以展露；或者通过个体的仪表风度、言谈举止、服饰穿戴等外在气质而得以展露。内在气质以外在气质为载体，外在气质以内在气质为根据。二者的有机统一才可达内外同一的"圣人"之境。

良好的外表打扮与精神美和谐的统一，这才是最好的个人气质。所以，一个人没有相应的内涵，尽管打扮得很酷、很帅、很入时、很引人注目，但他的气质只能是不美的。

♥ 打造价值百万的优雅气质

商朝末年，周文王心事重重地出门打猎，走到渭水边，发现一老者端坐垂钓，老人须发全白却腰杆挺直，布衣着身，却掩饰不住仙风道骨的绰约气质。周文王被吸引了，近前再看那钓竿，万分惊异钓竿竟是直的！且听老者自言："愿意上钩的鱼就自己上来。"周文王惊为天人，上前与其倾谈，很快就将其任命为国师。

这位老者可不是什么退休的糟老头儿在自得其乐，姜太公钓鱼，神闲气定，愿者上钩。如果不是渭水边超然于众人之上的气质和惊人之举，一个无名的八旬老头儿怎能从贤者如云中脱颖而出，又怎会有后来名扬四海的牧野一战。中国历史上怕是就要少了一位未卜先知的智者了。

可见无论何时何地，一个气质出众的人总是更多的被人注意，为人欣赏，甚至机会也会更加垂青于他。

人们把气质看作一个褒义词，对它的了解通常是一个混沌的概念。所以常常这么评价：某人有气质，某人没气质。一个没气质的人意味着缺少内涵，一个有气质的人即便混迹于芸芸众生之中，也是鹤立鸡群，绰约的风姿自会超然于众人之上。

可见，一个人具备什么样的气质，对其精神面貌有很大的影响。那么，我们要从哪些方面入手打造自己的优雅气质呢？

1. 修炼内心

气质美首先表现在丰富的内心世界。理想则是内心丰富的一个重要方面。因为理想是人生的动力和目标，没有理想和追求，内心空虚贫乏，是谈不上气质美的。品德是气质美的又一重要方面，为人诚恳、心地善良是不可缺少的。文化水平在一定程度上影响着家庭生活的气氛和后代的成长。此外还要胸襟广阔。

2. 注意举止

气质美还表现在举止上，一举手、一投足，走路的步态，待人接物的风度，皆属此列。朋友初交，互相打量，立刻产生好的印象。这个好感除了源自言谈之外，就是举止的作用了。要热情而不轻浮，大方而不造作。

3. 完善性格

气质美还表现在性格上。这就是要注意自己的涵养，要忌怒、忌狂，能忍让，体贴人。温柔并非沉默，更不是逆来顺受、毫无主见，相反，开朗的性格往往透露出天真烂漫的气息，更能表现内心情感，而富有感情的人更能引起共鸣。

4. 培养高雅的兴趣

高雅的兴趣也是气质美的一种表现：爱好文学并有一定的表达能力，欣赏音乐且有较好的乐感，喜欢美术并有基本的色彩感等等。

有许多人并不是大美人，但在他们身上却溢露着夺目的气质美，如，工作的认真、执著，聪慧、洒脱、敏锐，精明、干练。这是真正的美，和谐统一的美。

追求美而不亵渎美，这就要求我们每一个热爱美、追求美的人都要从生活中悟出美的真谛，把美的形貌与美的气质、美的德行结合起来。只有这样，才是真正的美。

♡ 为气场穿上最美的外衣

"人靠衣装，佛靠金装。"

着装艺术不仅给人以好感，同时还直接反映出一个人的修养、气质与情操，它往往能在对方尚未认识你或你的才华之前，向别人透露出你是何种人物。因此，在这方面稍下一点工夫，是会事半功倍的。

美国商人希尔在创业之初，就意识到了服饰对人际交往的作用。他清楚地认识到，商业社会中，一般人是根据一个人的衣着来判断对方的实力的，因此他首先去拜访裁缝。靠着往日的信用，希尔定做了三套昂贵的西服，共花了275美元，而当时他的口袋里仅有不到1美元的零钱。然后，他又买了一整套最好的衬衫、领带及内衣内裤，而这时他的债务已经达到了675美元。

每天早上，他都会身穿一套全新的衣服，在同一个时间、同一个街道同某位富裕的出版商"邂逅"相遇，希尔每天都和他打招呼，并偶尔聊上一两分钟。这种例行性会面大约进行了一星期之后，出版商开始主动与希尔搭话，并说："你看起来混得相当不错。"

接着出版商便想知道希尔从事哪种行业。因为希尔的衣着所表现出来的这种极有成就的气质，再加上每天一套不同的新衣服，已引起了出版商极大的好奇心。这正是希尔盼望发生的情况。于是，希尔很轻松地告诉出版商："我正在筹备一份新杂志，打算在近期内争取出版，杂志的名称为《希尔的黄金定律》。"出版商说："我是从事杂志印刷及发行的。也许，我也可以帮你的忙。"

这正是希尔所等候的那一刻，而当他购买这些新衣服时，他心中已想到了这一刻，以及他们所站立的这块土地，几乎分毫不差。后来，这位出版商邀请希尔到他的俱乐部，和他共进午餐。在咖啡和香烟尚未送上桌前，已"说服了希尔"答应和他签合约，由他负责印刷及发行希尔的杂志。希尔甚至"答应"允许他提供资金并不收取任何利息。

发行《希尔的黄金定律》这本杂志所需要的资金至少在3万美元以上，而其中的每一分钱都是从漂亮衣服所创造的"幌子"上筹集来的。

希尔的成功很有力地证明了衣装对一个人在人际交往中所起的巨大作用，如果当初他根本不注重衣装，让自己看起来与成功无缘，那么那位出版商肯定连看都不愿看他，更不会帮他出版杂志了。

要让自己看起来就像个成功者，有以下三条最基本的原则不可忘记：

1. 根据自己的角色需要选择合适的穿着

每个人都有他特定的社会角色，这种角色又有特定的言行、服饰。例如，社会地位较高的人应该外表端庄、衣着整洁。如果不顾形象就会影响到交际效果。

2. 在不同的环境选择不同的衣着

不同的环境需要穿着不同风格的衣服，例如接到一些商务酒会的邀请，你就不可能穿休闲装去赴宴。当然，有时特定环境对衣着有特定的要求。这时，在衣着服饰上就应服从交际环境，不惜牺牲个性风格进行独具匠心的选择。

3. 着装要体现出个性风采

在符合角色的要求下，可以适当提倡衣着的个性化。除了警察等要求统一着装的职业外，其他人在衣着上有广泛的选择余地。可以根据自己的爱好、气质修养、审美情趣进行选择，以展现自己与众不同的风采。

衣着对一个人的外表影响非常大，大多数人对别人的认识，可以说是从其衣着开始的。它就像是一种无声的语言，不但能给对方留下一定的审美观感，还能反映出你个人的气质、性格和内心世界。相反，一个不讲究着装、对着装缺乏品位的人，势必影响到人际关系的发展。

♡ 举手投足尽显风采

举止风度是一个人在运动状态下的亮相。它包括坐立行走、举手投足、喜怒哀乐所表现的各种行为姿态，被人们称之为心灵的轨迹。歌德说，行为举止是一面镜子，人人在其中显示自己的形象。任何人如果在举止上缺少文雅和稳重，都将以少于深沉、流于浅薄而失去人们的喜爱。30多岁的年轻人想拥有好人脉，就一定要使自己的举止行为规范化，要优雅大方、稳健从容、表里如一、不卑不亢。

首先，坐立行走要文雅大方。无论在什么场合，你都应自觉地保持一种良好的坐态，以显示自己应有的文明教养。工作时，要精力充沛，给人一种振奋昂扬的印象；切忌东倒西歪，萎靡不振。此外，你还要养成正确的站立姿势，举行公关活动时一般都要站着讲话，这既体现了文明礼貌的素养，而且也符合国际惯例。由于站立的时候，显露的部位比较大，因此，更要注意站立的姿势。在大会上，要大大方方地起立致意，不要弯着腰、扭着身、束手束脚，要做到从头到脚成一线。行走时步伐要从容稳健，不要摇头晃脑、东张西望、勾肩搭背。

其次，举手投足要自信亲切。在社交场合，你的一举一动，都要自然而庄重，既不摆架子、指手画脚、盛气凌人，又不唯唯诺诺、畏首畏尾、诚惶诚恐；而应当不卑不亢、优雅潇洒、落落大方、自信威严。否则，就会给他人留下一种很坏的印象。

公元前703年，曹太子去朝见鲁国国君，被待以上卿之礼。在欢迎宴会上，曹太子忧郁叹息，引起鲁国大夫施父的不满。曹太子的失态不仅有损于个人形象，更重要的是他在两国交往中埋下了阴影。历史上，这种在外交公关时因举止失仪而招致害国之事并非鲜见。在外交方面，个人的言行举止往往被看作是国家对某事、某国的一种态度、政策，因而绝不能因个人喜忧而轻率从事。

职场人士还必须对自己的事业和能力有充分的信心，而举手投足间正体现了人们的这种自信。

再次，喜怒哀乐要深沉有度。每个人都是社会中的一员，也必有喜怒哀乐，但是在公共场合中，个人的喜怒哀乐不仅代表自己的情绪，而且还将影响公众的情绪，因此，要有理智地加以控制。任何人在善恶是非面前，都应当爱憎分明，与公众同呼吸、共命运。但是，人们的喜怒哀乐应当表现得更为深沉。

人们在公共场合中必须要有自己独特的喜怒哀乐方式。深沉的喜爱，除了友好的动作外，更体现在爱护、关切、由衷赞赏与喜悦的神情和目光上，要控制过分激烈、狂热的行为；深沉的愤怒，不在于说话声调的高低与强弱，而在于内心表现的威严和怒斥的神情，无声的谴责要比声嘶力竭的抗议更有力；深沉的悲痛，不是泪流满面的号啕大哭，而是用理智把握感情，化悲痛为力量；深沉的快乐，无须狂欢乱跳，而应当充满激情，将之化为持久的动力，更好地开展工作。

在社交场合，人们不仅要注意自己的举止风度，而且更应该从理想、情操、思想学识和素质上努力完善自己、培养自己，使外在举止风度美的绚丽之花开在内在精神美的沃土之上。

"桃李不言，下自成蹊。"举手投足间尽显迷人风采的人们必然会以其优美的举止言谈、高尚的品德情操，赢得更多人们的喜爱，从而拥有更为丰富的人脉资源。

♡ 打造一团和气的亲和力

亲和力是一种难得的个人魅力，它能唤起人们的热爱之情，并使人们愿意与之交往。30多岁的年轻人应该尽早培养自己的这种魅力。

在林肯的故居里，挂着他的两张画像，一张有胡子，一张没有胡子。在画像旁边的墙上贴着一张纸，上面歪歪扭扭地写着：

亲爱的先生：

我是一个11岁的小女孩，非常希望您能当选美国总统，因此请您不要见怪我给您这样一位伟人写这封信。

如果您有一个和我一样的女儿，就请您代我向她问好。要是您不能给我回信，就请她给我写吧。我有四个哥哥，他们中有两人已决定投您的票。如果您能把胡子留起来，我就能让另外两个哥哥也选您。您的脸太瘦了，如果留起胡子就会更好看。所有女人都喜欢胡子，那时她们也会让她们的丈夫投您的票。这样，您一定会当选总统。

格雷西

1860年10月15日

在收到小格雷西的信后，林肯立即回了一封信。

我亲爱的小妹妹：

收到你15日前的来信，非常高兴。我很难过，因为我没有女儿。我有三个儿子，一个17岁，一个9岁，一个7岁。我的家庭就是由他们和他们的妈妈组成的。关于胡子，我从来没有留过，如果我从现在起留胡子，你认为人们会不会觉得有点可笑？

忠实地祝愿你的

亚·林肯

次年2月，当选总统的林肯在前往白宫就职途中，特地在小女孩所在的小城韦斯特菲尔德车站停了下来。他对欢迎的人群说，"这里有我的一个小朋友，我的胡子就是为她留的。如果她在这儿，我要和她谈谈。她叫格雷西。"这时，小格雷西跑到林肯面前，林肯把她抱了起来，亲吻她的面颊。小格雷西高兴地抚摸他又浓又密的胡子。林肯笑着对她说："你看，我让它为你长出来了。"

这就是林肯的亲和力。亲和力让人萌发亲近的愿望。人们总是喜爱与谦和、温良的人交往。

如何具有令人着迷的亲和力？关键就是对别人要有发自内心的真诚。

对于你所想交往的人，对于希望与你合作的人，你务必获得他们的敬爱。而获得他们的敬爱，全凭你人格的魅力。要知道，一个浑身上下透出亲和力的人，与一个整天板着脸的严肃的人相比，绝大多数的人都会选择前者作为自己的交往对象。

在人际交往中，亲和力有着巨大的暗示力量，能在不知不觉中令对方对你产生亲切感，具有很好的人际吸引力。培养并运用亲和力，会缩短你与别人之间的心理距离，从而使你更好地影响他人。

亲和力是一种强大的影响力，它既是促使情感归依的起因，又是激发人际交往的动力，它对平衡人类心理起着良好的作用。

彬彬有礼可增添社交人气

礼仪如春风化雨，礼仪会提高你的交际品位。奥里森·马登说，如果你的社会关系是一台机器，那么，彬彬有礼的态度就是那部机器中的润滑剂。古语说得好："文质彬彬，然后君子。"因为，人际交往中只有形成尊重和被尊重的默契与和谐，才可能给你的形象加分，让你的交际顺利进行和持续发展。

常言道，礼多人不怪。当代社会，社交礼仪不可忽视。"彬彬有礼"已经成为判断一个人社会地位和受教育程度的标准，也成为衡量一个现代人基本素养的客观依据。其实，不知你是否意识到，在大多数情况之下，你的交际成功与否，你的事业发展与否仅仅取决于你对他人的尊重。如欧美的脱帽、拥抱，中国古代的作揖就是人们最起码的见面礼。在现代社会，人们行握手礼。即见面时，双方往往先打招呼，然后相握致意。关系亲密的朋友，可以伸出双手久握和用力握。关系一般的人，可伸出手一握即止，这就是"礼"。

古语云"文质彬彬，然后君子"，它意味着一个人从外表到本质文雅有礼，才能使他受到他人的欢迎。因为，人际交往中只有形成尊重和被尊重的默契与和谐，才可能让交际顺利进行和持续发展。

由此可见，彬彬有礼是人际交往的基础，也是你交际更具品位的基本要求。比如参加交谊舞会，男士的衣装应该庄重整洁，举止大方；女士的衣装应该明快典雅，不宜浓妆艳抹。进入舞厅时应该彬彬有礼，对熟人和旧友要握手致意或点头问好，对陌生人也应该以礼相待。话音不宜高，步态应该轻盈，当邀请舞伴，舞曲响起来的时候，男的应该主动走到女士面前，可行半鞠躬礼，并且轻声邀请，女方点头表示同意，然后才能并肩走入舞池。所以，彬彬有礼是使人与人和谐相处的最好的方法，这种方法，包含了尊重、亲切、体谅等意义，同时，也表现出个人的修养。

中国自古是一个礼仪之邦，中国人的民族性格较西方人含蓄得多，因此，更为讲究礼节。由于传统文化的束缚，很多人太重视繁文缛节，使得人们对"礼"的认识发生偏差，现代中国人的礼仪观念也日趋淡漠，以至于片面以为只有对长辈、上司或想讨好对方时才讲礼节，对晚辈或与自己没有利害关系的人，就多此一举。甚至，有的人认为，礼貌只是社交上的一种手段。

其实人人都希望受他人尊重，都想活得理直气壮；一个人只有受到别人的认可和尊重，才能进一步肯定自己生命的意义，由此看来，尊重，体谅等礼节绝不是规章条文，也绝不是口是心非的问候，而是出自内心的真诚的行为。

♥ 小幽默，大气场

幽默是一个人的学识、才华、智慧、灵感在语言表达中的闪现，是一种善于捕捉笑料和诙谐想象的能力，是对社会上的种种不协调及不合理的荒谬现象、弊端、矛盾实质的揭示和对某些反常规言行的描述。

幽默是一种魅力，也是一种独特的气场。幽默之所以具有魅力，首先是因为它能使人随和亲切，帮助缩短人们之间的距离。具有幽默感的人大多善解人意、乐于助人、与周围人的关系和谐融洽。因为幽默是人际关系的润滑剂，使人与人之间团结和谐；幽默是兴奋剂，使人际交往更加活跃更加热情；幽默还是显示器，向别人显示自己的友爱与和善。幽默所隐示的特性是逗人快乐，所隐示的能力是感受有趣的人和事、制造愉悦的气氛。对个人而言，具有幽默气场的人往往比不懂幽默的人更具有吸引力和凝聚力。

在通常情况下，真正精于谈话艺术的人，其实就是那些既善于引导话题，同时又善于使无意义的谈话转变得风趣的幽默者。这种人在社交场上往往如鱼得水，左右逢源，可算做社交中的幽默大师。单调的谈话令人生厌，因此，善谈者必善幽默。但这种幽默，并不意味着可以将一切事物都拿来打趣。例如宗教、政治、人物以及某种令人同情的境遇等，都是绝不能加以取笑的。而在有的人看来，如果说话不够幽默，便不足以显示自己的聪明，这种想法又不免有些偏激。

美国心理学家保尔·麦基认为，幽默感对于人的社交能力的发展起着举足轻重的作用。

　　幽默语言可以使我们内心的紧张和重压释放出来，化作轻松的一笑。在沟通中，幽默的语言如同润滑剂，可有效地降低人与人之间的"摩擦系数"，化解冲突和矛盾，并能使我们从容地摆脱沟通中可能遇到的困境。

　　在社交中，谈吐幽默的人往往容易取胜，没有幽默感的人往往会失败。在交际场合，幽默的语言极易迅速打开交际局面。

　　善于谈话的人，有时候为了需要常拿自己开开玩笑。美国著名律师迪特是一位善于开自己玩笑的人。有一次，哥伦比亚大学校长在迪特登台演说时，先将他介绍给听众："他算得上是我国第一位公民！"迪特似乎很可以立刻抓住这个难得的机会，大模大样地开玩笑说："诸位静听，第一位公民要开始演讲了。"但是他如果真那样做，便是一个普通人了。

　　那他该如何说呢？他不仅要利用这个介绍词幽默一下，并且还要从中获得听众的好感。他说："刚才校长先生说的一个名词，我起初有些听不太懂。第一位公民是指什么呢？现在我才想到，大概他是指莎士比亚戏剧中常常提到的公民。校长先生一定是研究莎氏戏剧极有心得的人，他替我介绍时，一定又在想他的莎氏戏剧了。诸位听众一定知道莎士比亚常常把许多公民穿插在他的戏剧中，这些配角每人所说的话大都只有一两句，而且多半是毫无口才，没有高明见识的人。但他们差不多都是好人，即使是第一第二的地位交换一下，也根本不会显示有何不同之处。"话未说完，台下便响起了潮水般的掌声。

♡ 真诚为你的人气加分

社会上不乏虚伪之人。他们把真诚的技巧看成是蒙骗对方并谋取私利的一种手段。历史上那些打算给正直的君王戴高帽子的奸臣，正是因为伪装成一副正人君子、心口如一的样子，其见不得人的勾当才能得逞。但是，虚伪、伪装的东西是绝对经不起时间的检验的，迟早会被人所识破。所以，一个人若染上了这种毛病，也就注定了他失败的命运。

做人要求真。我们之所以追求代表真实的人和事物，因为它代表着最崇高的美德——诚实与正直。

美国著名的行为科学家丹尼斯·韦特莱博士说，所谓"因果定律法则"，无非是一个人的诚实与否，经过一段时间后所显示出来的结果。一个人不能诚实地面对自己，就无法真正拥有成功。用蜡塑成的人或房子，在某些情况下会融化。内心不诚挚的人，最终必将显露真面目。而一个人愿意把自己隐藏在内心深处的东西坦白地暴露给对方，就能很容易地走进对方的心灵深处。

大三下学期，甘伟找了一份家教工作，辅导一个公司经理的儿子。

每次上课之前，他都像老师一样，一丝不苟地备好课，认认真真地写教案。上课时间，不管刮风下雨，烈日酷暑，他都准时到达，从不延误。室友见他这么认真负责，都猜想他得到的报酬一定十分丰厚，没想到他说每小时才１２元钱。大家一听，个个迷惑不解。有人说："你怎么这么傻？教高三课程，每小时最少得２０块钱。"

"这我知道，"甘伟平静地说，"但我觉得拿１２元钱比较合理。如果家教效果不好，我也不好意思拿那么多钱。如果效果好，就当做我的一次社会实践。"

"她父亲是大经理，钱有的是，你有必要搞扶贫助教吗？"又有人劝告他。

"话虽这么说，但我是以一个大学生的身份去做家教，我首先就必须对得起大学生这个光荣的称号。如果我敷衍了事那就损害了大学生的形象。"甘伟仍不改初衷。

在此后三个月里，甘伟为他的学生精心设计复习方案，耐心讲解辅导。他的学生也很争气，成绩逐步提高。

甘伟毕业后，被那个学生的父亲邀请到其公司工作，因为这位经理说公司需要甘伟那样不计回报、诚实做人的大学生。

本杰明·富兰克林说："一个人种下什么，就会收获什么。"我们如果真诚地对待别人，别人也会真诚地对待我们。

真诚是财富，真诚是最宝贵的财富。在这方面进行投资的人，可以获得丰厚的回报。虽然没有谁必须做一个富人或做一个伟人，也没有谁必须做一个智者，但是每个人都必须做一个诚实的人。

♡ 培养耐心倾听的好脾气

先看一个例子：在一次年终总结会上，甲评价乙是个有上进心，工作能力也强的同志，就是考虑自己的问题多了一点。甲用欲抑先扬的方式含蓄地指出乙的不足之处，还是比较注意谈话艺术的。可是乙听了以后生气地说：你看我不顺眼，要说我自私自利就直说，不要拐弯抹角的。

我们可以想象，如果甲真的直截了当说乙自私自利，乙可能会更加恼怒。可见，缺乏倾听素质，会使交谈艺术无用武之地，更会使剑拔弩张的谈话雪上加霜。交谈是一种互动式的双向交流活动。交谈双方共存于一个交谈场合，交替充当说话者和听话者，两者是互相依存、互相作用的辩证统一体，忽视任何一面都可能导致交谈的中断和失败。作为谈话者，每个人都应努力提高谈话艺术，但作为倾听者不能完全苛求别人的谈话艺术，特别要理性地对待缺乏谈话艺术的话语，比如自己不愿听的批评、指责性话语。这就需要我们提高倾听的素质，能动、灵活地理解别人的话语。良好的倾听素质可以从以下几方面来培养。

1. 专心倾听，能动理解

倾听应是交谈活动中的一种重要行为，当自己交替成为听者时，对对方的谈话，应该专心倾听、能动理解。专心倾听，不仅要用耳，而且要用全部身心，不仅是对声音的听觉，更有对意义的理解。听者如果对谈话内容漫不经心，采取消极被动的态度，左耳进右耳出，那就很难和对方进行沟通，更无法取得好的谈话效果。听者在采取专心倾听的态度后，还要对谈话内容进行能动理解。所谓能动理解，就是对谈话内容自觉努力地去接收和处理，即一方面用自己具有的科学知识、人生体验、实践经验，正确和全面理解；另一方面以谈话背景为参照，有重点有取舍地理解。

2. 善解别人的谈话动机

一般来说，谈话者要谈问题，要批评或表扬人等，都有一定的动机。这个动机不论是善意或恶意，隐蔽或显露，都是从主观需要或客观需求出发的。作为倾听者要尽量善意理解别人的谈话动机，即：尽量寻找和发掘对方善意的说话动机，及从客观需要出发的谈话动机。

如何听出别人的谈话动机要因人而异，因具体情况而定。有的人性格开朗，做事大大咧咧，说话心直口快。既然他说者无心，我们又何必听者有意呢？听别人的批评指责，应本着言者无罪、闻者足戒的态度，不仅不应轻易怀疑别人批评的诚意，相反还要尽量发掘别人的诚意。对待言词激烈、情绪异常、很不理智、一股脑儿倾泻的话语，更不能妄加猜测别人有某种不为人知的、含有敌意的动机。为了不因对方情绪的变化，而影响对谈话动机的善意理解，首先要换位思维，为对方的冲动寻找客观原因，从而给予谅解，其次要引导对方把他恼怒的原因说出来。

3. 忽略方式，注意内容

一般来说，谈话方式和谈话内容是相辅相成，具有内在联系的。作为谈话者要尽量注重方式和内容的联系，运用既得体又富有艺术性的谈话方式。但作为听话者首先要注重谈话内容，不要太计较别人的谈话方式，有时甚至要有意识地忽略一些不恰当的方式。

倾听是一种智慧，在倾听的时候，不仅要用耳朵去听，还要用心灵去感悟。在倾听的过程中，要通过自己的语言和非语言行为向对方表达尊重和友善。学会如何倾听，是一个人成熟的标志；学会怎样倾听，是一个人睿智的表现。

正能量情绪修习课：点旺人气7法则

人与人之间相处，人气指数很重要，也就是说，人气指数与人缘关系成正比。下面是点旺人气的7种法则：

1.努力使自己永远受到热情接待

为了交朋友，不能自私，要努力关心他人，为此需要时间和热情。有一位亲王为周游南美洲，曾花几个月的时间学习西班牙语，以便用出访国语进行公开讲演。这使他博得了南美洲居民的热爱。所以，你想引起人们的钦慕，你应遵循的第一条准则是："对人们表示出真诚的兴趣。"

2.给人留下好印象

一次宴会上，宾客中有一位继承了一大笔遗产的妇女，她渴望给所有人留下美好的印象。她拿自己的财产买貂皮、钻石和珠宝，但她不注意自己脸部易于激动和自私的表情。她不懂得每个男人都清楚：妇女的脸部表情比她的服饰更重要。

行动比语言更富有表现力，而微笑似乎在说："我喜欢您，您使我幸福，我高兴看见您。"这就是我们为什么喜欢狗的原因吧。狗总是高兴看见我们，会满意地跳来跳去！自然，我们也高兴看见它。生活也有装出来的笑容，不过这种笑谁也瞒不过。装出来的笑容只能使人感到痛苦。我们在这里说的是真诚的微笑——使人感到温暖的微笑，发自内心的微笑。

3.善解人意，体贴别人

一个体贴别人的人，总是设身处地地为别人着想，不让别人紧张、拘束，更不会让别人尴尬难堪。据说，莎士比亚就具有善解人意的神奇能力。在和人交往的过程中，他就像一条变色龙，能根据交往对象的不同特点，随着时间、地点的变化，进行应变。

4.成为好的对话人

成功交谈的秘密在哪里？著名学者查理·艾略特说："一点儿秘密也没有……专心致志地听人讲话这是最重要的。什么也比不上注意听——对谈话人的尊敬了。"倾听可以使他人感受到受尊重和欣赏，而这一点正是对方要的。

您如果想成为被人喜欢的人，请记住："要善于注意听别人讲话并鼓励其讲话。"

5.激起他人的兴趣

假若你想使人喜欢你，遵循的第五条准则是："请谈论使你的对话人感兴趣的东西。"要想找到打开人心扉的钥匙，必须同他谈他最向往的东西。

6.一见面就使人高兴

有一条十分重要的涉及人们品行的准则。你如果不轻视这条准则，你几乎永远不会落入困难的境地。谁遵循这一准则，谁将有众多的朋友并经常感到幸福。谁违反这条准则，谁就会遭受挫折。这条准则是："尊重他人的优点。"

在人与人交往沟通中，主要靠语言的应用，讲对方想知道的、感兴趣的、关注的话题，讲他爱听的话，多赞美他人。如果说，批评和鼓励都是催人上进、激人发奋的一种手段的话，那么，在多种情况下，适当的赞美就往往能收到更好的效果。一个笑容可掬、善于发现和挖掘他人优点并给予赞美的人，肯定会受到别人的尊重和喜爱。

生活中的每个人，都希望得到他人的赞美。赞美会激发受赞美者的自豪和骄傲，从中了解自己的优点和长处，认识自身的价值；赞美能和谐人际关系，给他人带来美好的心境；并且，当人们在鼓励、尊重对方的同时，也丰富了自己的生存技能。

7. 会给别人保面子

给他人保住面子！这一点是多么重要！而我们却很少想到这一点。我们常常是无情地剥掉了别人的面子，伤害了别人的自尊心，抹杀了别人的感情，却又自以为是。我们在他人面前呵斥一个小孩或下属，找差错，挑毛病，甚至进行粗暴的威胁，却很少去考虑人家的自尊心。其实，只要冷静地思考一两分钟，说一两句体谅的话，对别人的态度宽大一些，就可以减少对别人的伤害。事情的结果也就大大地不一样了。

Part10

沉住气成大器，气度决定格局

♡ 急于求成，往往不成

有两棵大小相同的树苗，同时被主人种下，也被一视同仁地细心照料着，不过，这两棵树的起跑点虽然相同，后续的成长状况却大不相同。

第一棵树拼命地吸收养分，一点一滴储备下来，仔细地滋润身上的每一根枝干，慢慢地累积能量，默默地盘算如何让自己扎扎实实、健康苗壮地成长。

另一棵树也一样非常努力地吸收营养，不过它追求的目标与第一棵不同，它将养分全部聚集起来，并使劲地将这些养分推至树端，一心想着如何让开花结果的时间提早来到。

第二年，第一棵树开始吐出了嫩芽，也十分积极地让自己的主干长得又高又壮；而另一棵树也长出了嫩叶，不过它却迫不及待地挤出了花蕾，似乎随时都可以开花结果。

这个景象让农夫非常吃惊，因为第二棵树的成长状况实在太过惊人。只是，当果实结成时，由于这棵树尚未长成，却提早承担了开花结果的责任，因此一时间吃不消，把自己折腾得累弯了腰，以致于所结的果实更是因为无法充分吸收养分，比起一般正常的果实要酸涩。

再加上它的体型矮小，许多孩子都喜欢攀上树端嬉戏玩乐，并且拿那些还未成熟的果实游戏，时日一久，这棵树在身心受创的情况下，逐渐失去了生长的活力。

第一棵树的情况却完全相反，原本不被看好的它，反而越来越苗壮，在经年累月的耐心等待之后，终于花蕾绽放。

由于养分充足、根基稳固，不久结成的果子也比其他的树更大更甜，而那棵急于开花结果的树却日渐枯萎。

很多年轻人就像第二棵树一般，只学会了皮毛，便急着出头与表现，然而，当他的皮毛用尽，也就意味着能力不过如此而已。

这时候，不仅难以占有立足之地，还会跌到更深的谷底，甚至连重新开始的机会都很难找到。

急于求成只能拔苗助长，欲速则不达；顺其自然，才能水到渠成。急于求成就是在不适当的时候做不适当的事情，是希望世界上的事按你的想法去实现。急于求成只能让你感到生活一团糟。然而，你往往在不经意中，在顺其自然的豁达之中，得到了一切。

不论是钻研知识、学习技能还是追求成功，我们都得像第一棵树一样，逐步累积自己吸收的养分，进而培养出扎实的能力，让迈出的每一步留下的都是绝对坚实的足印。

揠苗助长的人，只会让仅有的一点能力过早显露，遭到他人白眼的对待；好高骛远的人，只不过有个看似比别人崇高的目标罢了，若不肯脚踏实地去做，最后只能与失败为伍。

成功其实没有捷径，日积月累才能厚积薄发，只有当你拥有稳扎稳打的实力后，你才能够走向成功，急于求成是每一个人成功路上的绊脚石。

♡ 心浮气躁难成大事

在我们的心灵深处，总有一种力量使我们茫然不安，让我们无法宁静，这种力量叫浮躁。浮躁就是心浮气躁，是成功、幸福和快乐最大的敌人。从某种意义上讲，浮躁不仅是人生最大的敌人，而且还是各种心理疾病的根源，它的表现形式呈现多样性，已渗透到我们的日常生活和工作中。

浮躁心理是现代人的通病之一。表现为行动盲目，缺乏思考和计划，做事心神不定，缺乏恒心和毅力，见异思迁，急于求成，不能脚踏实地。比如，有的人看到歌星挣大钱，就想当歌星；看到企业家、经理神气，又想当企业家、经理，但又不愿为了实现自己的理想努力学习。还有的人兴趣、爱好转换太快，干什么事都没有长性，今天学绘画，明天学电脑，三天打鱼两天晒网，忽冷忽热，最终一事无成。

张某是某事业单位的一般干部。他主动找到心理医生讲述自己的苦闷："我近一年来一直心神不定，老想出去闯荡一番，总觉得在我们那个破单位待着憋闷得慌。看着别人房子、车子、票子都有了，我心里慌啊！以前我也曾炒过股，倒过一些货，但都是赔多赚少。我去摸奖，一心想摸成个万元户，可结果花几千元连个响都没听着，就没有影了！后来我又跳了几家单位，不是这个单位离家太远，就是那个单位专业不对口，再就是待遇不好，反正找个合适的工作太难了！后来听说某人很有钱，于是写了信去，说自己好困难，可他连信也没回，气得我去信大骂了一顿，讲些威胁的话，准让他惶恐。为此我心里也确实感到失衡，但这种恶作剧让我解恨呀！反正，我心里就是不踏实，闷得慌。"

产生浮躁的主观原因是个人间的攀比。通过攀比，对社会生存环境不适应，对自己的生存状态不满意，于是过火的欲望油然而生。个人奋斗又缺乏恒心与务实精神，缺乏对自己的智力与发展能力的准确定位，从而失去自我。然而，当浮躁使人失去对自我的准确定位，使人随波逐流、盲目行动时，就会对家人、朋友甚至社会带来一定的危害。

在这个瞬息万变的物质世界中，其实人人都可能有过浮躁的心理。对那些意志坚强的人而言，这也许只是一个念头而已。一念之后，还是该做什么就做什么，不会迷失了方向。

浮躁不是病，而是一种普遍的社会心态，没有什么可怕。只要我们让自己的头脑稍微保持一点清醒，不因浮躁而紧张，我们的心便会随之复归平静，生活也会变得像以前一样容易掌控。

改变浮躁之气，就是要脚踏实地，凡事追求认真。认真就是不放松对自己的要求，就是严格按规则办事做人，就是在别人苟且随便时自己仍然坚持操守，就是高度的责任感和敬业精神，就是一丝不苟的做人态度。

♡ 沉住气，不轻易亮底牌

所有的桥牌手都有过这样的经历：当你做庄打三家时，防守方一上来就奔吃一门五张套，定约一下，眼看着手上的赢墩拿不到，正在懊恼牌叫得不好，慌急之中又乱了方寸，被防守方乘机切断了你的交通，唾手可得的八墩牌，现在仅拿到六墩。坏消息常常影响情绪，轻则失望，重则沮丧，都会使你魂不守舍，影响竞技水平的发挥。当然，更多牌手在实战中培养了自己坚韧的性格，始终保持着清醒的头脑，克制情绪，对意外的打击安之若素，柳暗花明也很常见。

一次混双大赛，一位牌手因叫牌失误抬高了定约，正在懊悔不已，担心搭档责备时，搭档却似乎置身"事故"之外，经过一番思考之后，竟然打出了只在书上才看到过的双紧逼打法，成功地完成了定约，挽回了损失不算，还获得了意想不到的高分。当一方陷搭档于危难之中时，搭档仍不动声色，力挽狂澜，令人敬佩。令人难忘的不止是那次比赛的胜利，而是搭档在桥战中表现出的那种临危不乱的大将风度。如果一遇叫牌失误便乱了阵脚，便不会有最后的胜利；相反，有条不紊的攻防可令对手误以为对方点力与叫牌约定非常协调。

不亮底牌，直到最后一刻。

要做到严守底牌的最好办法是以静制动，或是干脆置之不理。如果说你的地位重要到能够引起人们的期待心理，此种情况更是如此。即使你必须亮出真相，也最好避免什么都和盘托出。不要让人把你里里外外看得一览无余。小心谨慎是靠小心缄默来维持的。

你决心要做的事一旦披露，就很难获得尊重，反倒常常招致批评。如果事后结局不佳，则你更易遭到双倍的不幸。

另外，切记不要抱怨诉苦。恶意中伤总是瞄准我们的痛处或软肋，而这些人肯定是你亲近的人。一副心灰意冷的样子，只会引得别人拿你来取笑。心怀恶意的家伙总是想方设法惹你生气，他们想尽办法来刺痛你已经结痂的伤口。

聪明人应当对不怀好意的人置之不理，并且深藏起你个人的烦恼或家庭的忧虑，因为即使是命运女神有时也喜欢往你的痛处下手。你的那些不好的事或好事都应深藏不露，以免前者不胫而走，后者烟消云散。

一定不要和盘托出全部真情，因为吐露真言如从心脏放血，需要极高之技巧。并非所有真相皆可讲，冲动是泄露的大门。最实用的知识在于掩饰之中，亮出自己底牌的人可能会输掉人生的很多机会。

亮出自己底牌的人让别人按牌来攻，肯定会输掉。混得再不好，也不要向别人诉苦，而要做出成功的样子。即使很成功也不要亮底曝光，出人意料更能使人心悦诚服。

♡ 挺住：没有过不去的坎儿

坚忍——正是我们所追求的品格。我们之所以追求坚忍的品格，是因为有了它后我们才可能获得一次一次成功，是因为有了它后我们才可能登上生命的巅峰。

一夜之间，一场雷电引发的山火烧毁了美丽的"森林庄园"，刚刚从祖父那里继承了这座庄园的保罗陷入了一筹莫展的境地。

他经受不住打击，闭门不出，茶饭不思，眼睛熬出了血丝。

一个多月过去了，年已古稀的外祖母获悉此事，意味深长地对保罗说："小伙子，庄园成了废墟并不可怕，可怕的是你的眼睛失去光泽，一天一天地老去。一双老去的眼睛，怎么能看得见希望……"

保罗在外祖母的说服下，一个人走出了庄园。

他漫无目的地闲逛，在一条街道的拐弯处，他看到一家店铺的门前人头攒动。原来是一些家庭主妇正在排队购买木炭。那一块块躺在纸箱里的木炭忽然让保罗的眼睛一亮，他看到了一线希望。

在接下来的两个星期里，保罗雇了几名烧炭工，将庄园里烧焦的树木加工成优质的木炭，送到集市上的木炭经销店。

结果，木炭被抢购一空，他因此得了一笔不菲的收入。然后他用这笔收入购买了一大批新树苗，一个新的庄园初具规模了。几年以后，"森林庄园"再度绿意盎然。

我们追求坚忍的品格，它让我们无畏于征途中的艰难险阻，它让我们在一次次挫折之后仍是不屈不挠，它让我们的心理在承受一次又一次的打击后却仍能为心的向往而努力奋斗。因为只有在拥有坚忍的品格之后才能具有坚强心理承受力，而有了坚强的心理承受力之后，你才能去正视厄运——从厄运中吸取经验教训去争取下一次的成功，而不是在遭受打击之后一蹶不振，永远陷于"倒霉"的泥淖中再无翻身之日。

我们追求坚忍的品格，因为我们具有一定的心理承受力，虽不像鸡蛋一般脆弱，但也没有钢铁的坚强。这种人可以在失败后获得成功，也可以在挫折中一败涂地。所以，我们仍需要去追求，追求坚忍，追求坚强。

但是坚强的心理承受力并不是说说就能拥有的，它需要我们通过艰苦的努力去树立一种正确的世界观和人生观，以至于能够正确面对各种失败和挫折。只有正确地面对，才有失败后的成功；只有失败后的成功，才算拥有坚强的心理承受力，才能证明你拥有坚忍的品格。

想要使自己拥有足够坚强的心理承受力，你就要学会坚韧。狄更斯说："顽强的毅力可以征服世界上任何一座高峰。"

💝 在不显山不露水中成就事业

聪明人为了实现内心的远大抱负，当处于不利状态时常能隐藏自己的目的，能忍受巨大的屈辱和磨难，以求得最终的胜利。

春秋时期，夫差把勾践打败，吴国便趁机要越王勾践夫妇到吴为奴仆。勾践将国事托给大夫文种，让范蠡随他到吴国。

有一回夫差大病，勾践亲自去见夫差，当着众人的面亲口尝了夫差的粪便。告诉夫差："我曾经跟名医学过医道，刚才我尝了大王的粪便，味酸而稍微有些苦，这是得了医生所说的'时气病'，此症一定能够好转，大王不用太担忧。"

几天后，夫差的病果然好了。从此他对勾践有了很好的印象。

勾践在吴国吃尽了苦头。为此，文种贿赂伯嚭，送去珍宝美女。伯嚭进宫见夫差，说道："勾践事吴两年，服侍大王也殷勤周到，现在您可知道他是真心归顺了吧！大王不如放他回去，要他多多进贡就是了。"

勾践回国后，靠自己耕种吃饭，靠妻子织布穿衣，在休息的地方用绳悬一苦胆，日日尝之，以此提醒自己不要忘掉以前受的凌辱与苦难。勾践亲自参加耕种，他的妻子也亲自织布，以此来鼓励人民发展生产。文种精通经济内政，范蠡擅长外交和军务。勾践充分信任他们，让他们各司其职。

夫差好色，伯嚭贪财，勾践想办法尽量满足他们，派范蠡物色了越国最美的女子西施，给夫差送去。夫差果然一见倾心，用大量人力、物力建姑苏台，取悦西施。勾践以为时机成熟，想发兵攻吴。文种进谏道："吴国府库尚余，加上伍子胥在，足以抵挡三万越甲，伐吴时机未到。"勾践虚心采纳。

面对越强吴弱的发展态势，伍子胥忧心如焚，劝谏夫差："臣闻勾践食不重味，与百姓同苦乐。此人不死，必为吴患。"夫差充耳不闻，伍子胥愤然道："大王不听劝阻，不过三年，吴国必为越国所破。"

伯嚭巴不得夫差杀伍子胥，就进谗言道："伍相国不顾父兄被楚平王杀害而自己一个人逃命，为报私仇又覆灭了自己的国家。"在伯嚭的谗言迷惑下，夫差疏远了伍子胥。又过了两年，夫差带兵攻齐，获胜还师。

文武官员全说恭维话，只有伍子胥在夫差兴头上批评说："此次攻齐，不过是偶获小胜而已；越国不灭，才是心腹大患。"夫差大怒，令他自裁。伍子胥自刎之前说："我死后，一定要取出我的眼睛，放在吴国都城的东门，我将看着越兵攻入。"

公元前482年，吴王夫差带着精兵强将在黄池会盟中原诸侯，勾践乘机率精兵5万袭击吴国，打败吴国守军，杀了吴国太子。公元前473年，勾践再次攻吴，把夫差包围在姑苏山上。夫差势单力薄，派公孙雄袒胸露背，跪行至越军求和。勾践不忍，欲许之。范蠡谏道："当年大王兵败会稽，天以越赐吴，吴王不取，以致有今日；现在夫差兵败姑苏，天又以吴赐越，越岂能不取？大王卧薪尝胆，不就为有今日吗？愿大王三思！"不待勾践点头，范蠡果断地下令擂鼓进兵。

不久，越军灭吴。夫差痛悔自己误信伯嚭之言，对伍子胥的忠言却听不进去，于是他以布蒙面，伏剑自杀，临死前大叫一声："伍相国，我没有脸面见你啊！"

勾践之所以能取得最后的胜利，在于他能隐藏自己的真实用心。在吴国受尽千辛万苦也毫无抱怨，就是因为他明白当自己的力量无法达到自己追求的目标时，为了防止别人干扰、阻挠、破坏，而采取了一种低调的策略保护自己。这样才不容易引起他人的注意，才可以蓄积力量，最后一举成功。

为人做事要学会谨慎，按捺自己的急脾气，时机不成熟不要轻易行动，等待时机到来时再挺身而出，方能实现目标，成就事业。

♥ 今天韬光养晦，日后方能成王

古往今来，善使韬晦之术者，不在少数。而能将此术使得精妙的，还得是这位以柔克刚的人物，他就是三国的蜀国国主刘备。由此一事即可看出刘备高明的处世之道，那就是"青梅煮酒论英雄"这一段历史佳话。

想当初，刘备在吕布与曹操两大势力争夺中无法保持中立，只好依附曹操，以图共同消灭吕布。后来曹操在许田围猎时故意表露出自己的篡位意图，以试探臣下的心态。当时大臣们敢怒不敢言，只有关羽"提刀拍马便出，要斩曹操"，倒是刘备"摇手送目"，拦住关羽，还要用语言恭维曹操说："丞相神射，世所罕及！"其深沉的心机可见一斑。后来当董承、王子服等人凭汉献帝血写密诏结盟讨伐曹操时，想把刘备也拉入这个反曹的政治集团之中。刘备签名入盟后，为防曹操谋害，就去后园种菜，并亲自浇灌，以为韬晦之计。

不想曹操何等精明，他想刘备这看似"胸怀大志，腹有良策，有包藏宇宙之机，吞吐天地之志"的英雄怎么突然种起菜来了，一定有什么重大事情影响了他。一天，趁刘备的两位结拜兄弟关羽、张飞不在身边的时候，派许褚、张辽带领数十人到园中将刘备"请"往丞相府。刚一见面，曹操便出一言："在家做得好大事！"唬得刘备面如土色。随后曹操执刘备之手将他带到后园，说了句"玄德学圃不易"，意思是说玄德你学种菜可不容易啊，这才给刘备吃了颗定心丸，他缓过劲儿来，赶紧回了句："只是消遣罢了。"

相约来到小亭，只见亭内小桌上"盘置青梅，一樽煮酒，二人对坐，开怀畅饮"，青梅煮酒，煮出了一段脍炙人口的历史剧。当是时，酒至半酣之际，忽然阴云布满天空，骤雨将至。随从们突然看见天边乌云，酷似游龙，引来曹操的注意，他携刘备凭栏观看。曹操突然问道："使君知龙之变化否？"刘备说："未知其详。"曹操于是说道："龙能大能小，能升能隐；大则吞云吐雾，小则隐介藏形；升则飞腾于宇宙之间，隐则潜伏于波涛之内。方今春深，龙乘时变化，犹人得志而纵横四海。龙之为物，可比世之英雄。玄德久历四方，必知当世英雄。请试指言之。"

刘备其实很清楚，这是曹操要他承认自己心怀英雄之志。刘备则故意拉扯旁人，先抬出最让人看不起的袁术，曹操斥之为冢中枯骨。刘备又举出袁绍、刘表、孙策、刘璋等人，唯独不提自己。曹操自然不满意，干脆直言相告："今天下英雄，唯使君与操耳！"刘备闻之大惊，以为讨曹联盟之事暴露，手中的筷子随之掉在地上。也算天公作美，是时雷声大作，刘备借机恢复常态，从容地将筷子捡起，并说道："雷声太响了，一惊之下，才将筷子掉了。"曹操看到这场景，笑着说："丈夫亦畏雷乎？"疑心顿消。刘备也得以保全自己，几天以后曹操又请刘备喝酒，席间忽然有人来报："淮南的袁术要和淮北的袁绍联合起来对付丞相。"刘备放下酒杯，当即表示愿带兵前往沙场，曹操没有怀疑，答应了，从而使得刘备"撞破铁笼逃虎豹，顿开金锁走蛟龙"，日后方才造就三国鼎立之势。

刘备采取的就是一种"韬光养晦"的策略，是一种有所作为的"韬光养晦"。正所谓：人在屋檐下，不得不低头。适时地隐藏自己的愿望，如龙在渊一样，只要是龙，总有飞上天空的时刻，静待时机，终会成就一番大业。

当然，做到韬光养晦并非易事。要经得起风雨的打磨，要经受住世俗的纷扰，经得起口舌之勇的攻击。

💗 忍是好脾气，忍是好运气

如果一个人要想成就一番事业，名垂青史，就必须吃常人不能吃的苦，流常人不能流的汗，忍常人不能容之事。归根结底，就是人生怎样运用好这个"忍"字。

忍有极大的好处，忍是修身养性的前提，忍是安身立命的最好法宝，忍是众生和谐的祥瑞，忍是成就大业的利器，忍是生财致富的妙门。忍一时风平浪静，退一步海阔天空。为了长远的考虑，不必计较一时、一事之长短，没有什么不能忍的。

"弓过盈则弯，刀至刚则断"，忍是一种宽广博大的胸怀，忍是包容一切的气概。忍讲究的是策略，体现的是智慧。能忍者追求的是大智大谋，决不做头脑发热的莽夫。

任何人在自己的一生之中，做事根本不可能都是一帆风顺的，总会遇到各种各样的困难与挫折，不管是来自外界的，还是来自身的，都在所难免。一个真正想有所成就的人，定然不会为一时一事的顺利与阻碍，常常放在心间，也不会为一时的成败所困扰，而是去奋发图强，艰苦奋斗，成就功业。

但是，这里所讲的"忍"并不意味着怯懦，也不意味着无能。从本质上来说，忍是强者的涵养，不能忍才真正表现出弱者的无奈。

花开花落总有时，天时未到莫强求。忍是一种人生中的智慧与策略，一种为了度过不可能时期的策略。在潜伏时期，应当隐忍待机，不可妄动，所以，要学会隐忍。隐一朝，忍一时。隐一朝不是永远的隐，隐一朝也是不能不隐的选择；忍一时是聪明的选择，它需要一种眼力和志向。无眼力者不能审时度势；无志向者从不肯潜伏。

忍是隐的保证。忍不住一时之苦，一时之寂寞，一时之耻，一时之诱惑，一时之挫折，一时之屈，一时之难，一时之野心，就会把策划好的计谋打破，导致功亏一篑，半途而废。为了隐藏的实施，往往要学会忍。

忍一时，就要靠一时的忍，等待机会，走向成功。这样，隐忍术方可奏效。

忍是在自己感到高兴的基础上去忘记一切，只有忘记前面所有的高兴和烦恼，才能重新开始人生的一个新的阶段。

忍的最好的方法，就是当自己的脑细胞接受不了现实场景中的信息的时候，就尽快地离开那个地方，不管是在什么地方。当你离开了之后，就用自己的最大努力去把以前的对你来说是一种不能忍受的信息去掉，也就是把它变成自己能够接受的那种信息，在自己的大脑之中给它一个安身之处。

忍不是眼看着别人向你进攻，自己在进退两难的时候还默默无闻。如果是自己做错了某件事，那么就把它当作是自己人生道路上的一个小小的坑洼，用笑声把这些坑洼填平了，以此为戒，重新选择道路，不要再感到内疚。

在遇到挫折与不公之时，要让自己热烈的心冷静下来，忍下来，永远要记住"小不忍则乱大谋。"

总之，一个人在自己的生命当中一定要学会忍，只有做到了忍一时之忿，才能够真正地干出一番大事业。

💙 要有把"冷板凳"坐热的耐心

我们一生当中会遇到很多问题，总会有一些不期而至的挫折和打击，来考验我们的耐心和"抗击打能力"。如果你能忍第一个问题，你便学会了控制你的情绪和心志，以后碰到大的问题自然也能忍，也自然能忍到最好的时机再把问题解决，这样才能成就大事业。能有以上的作为，相信你一定会把冷板凳坐热。

一个电器公司的职员，在刚进公司时很受老板赏识，但不知怎的，在并没犯什么错误的状况下，他被"冷冻"了起来，整整一年，老板也不与他沟通，也不给他重要的工作，从主管的地位变成和小职员差差不多。他忍气吞声地过了一年，老板又终于召见他，给他升职、加薪，同事们都说他把冷板凳坐热了。

能力再强、境遇再好的人也不可能一辈子一帆风顺的，为什么会坐冷板凳呢？这里有很多种原因。

1.个人能力不足

只能做一些无关紧要的事，但也还没有到必须开除的地步。

2.老板或上司有意的考验

人要做大事必须有面对挑战的勇气、耐心，还要有身处孤寂的韧性。有时要培养一个人，除了让他做事之外，也要让他无事可做，一方面观察，一方面训练。

3.人事斗争的影响

只要有人的地方就有斗争，在私人公司，老板也会受到员工斗争的影响，如果你不善于斗争，那么就很有可能莫名其妙地失了势，坐起冷板凳来。人说"时势造英雄"，很多人的崛起是由环境造成的，因为他的个人条件适合当时的环境，可是当时过境迁，英雄便无用武之地，这时候你只好坐冷板凳了。

4.曾犯过重大错误

在社会上做事不比在学校，失败也不会怎么样，在社会上做事一旦犯了错误，便会让你的上司和老板对你失去信心，因为他不可能再次用他的资本或职位来冒险，所以只好暂时把你"冷冻"起来。

5.领导者的个人好恶

这是最不幸的一种情况，因为这没什么道理好说，反正上司或老板突然不喜欢你了，于是你只好坐冷板凳了。

6.你冒犯了领导

人是感情动物，你在言语或行为上，如果不经意冒犯了领导，你便有坐冷板凳的可能。

7.威胁到老板或上司

如果你的能力太强，又不懂得收敛，让你的上司或老板失去安全感，那么你便会受到"冷冻"。所谓"功高盖主"，老板怕你夺走商机去创业，上司怕你夺了他的位置，冷板凳不给你坐给谁坐？

坐冷板凳的原因还有很多，无法一一列举，而人一坐上冷板凳一般很少去仔细思考原因何在，只是整天抱怨。不过，与其在冷板凳上自怨自艾，不如调整自己的心态，好好地把冷板凳坐热。比如，强化自己的能力。在不受重用的时候，正是你广泛收集、吸收各种情报的最好时机，能力强化了，当时运一来，便可跃得更高，表现得更亮眼。而在这段坐冷板凳的期间，别人也正好观察你，如果你自暴自弃，那么恐怕要坐到屁股结冰了，恐怕就无翻身的机会了。

不管你坐冷板凳的真正原因是什么，这都是训练自己耐性、磨炼自己心志的机会。冷板凳都坐过了，还有什么好怕的呢？便是在困苦之中，也不要惴惴不安；即便时运不济，也不要郁郁寡欢，风雨过后总会有彩虹。

♡ 心闲岁月长，给好运一点时间

做事难，做人更难。难就难在：无论多么简单的事，也会被人弄得复杂起来。

单纯一件事，只要肯下工夫，要把它做好并不难，但一扯上人为因素，简单的事也会变复杂。而依人的智慧、经验、价值观念以及利益的不同，这事的复杂度也会有所不同，就好比一条绳子打上了千百个结，世上的事多半是如此。

比如公司人事调整，好的位子人人想要，施压的施压，钻营的钻营，这就是打了千百个结的绳子；商人要争取大生意，几年前就开始打通人脉、收集情报、训练人员，每个步骤都是问题，也都需要解决，这也有如打了千百个结的绳子。而要解开这些绳子上的结，要的便是"耐烦"。

事实上，要做好一件事，解决一个问题，最需要的是智慧、经验，那么为何在此特别提出"耐烦"二字呢？

这里有几个原因。首先，有智慧、有经验的人固然能做好事，也能解决问题，但若无"耐烦"的本事，则无法做好磨人磨得发狂的事，也无法解决复杂多变、不知从何下手的问题。所以，不能"耐烦"，徒有智慧和经验还不能成就大事。

其次，"耐烦"是和客观环境比耐力，也是和竞争对手比耐力，你能"耐烦"，就不会输。若因不耐烦而半途放弃，那么就先输了，很多在人生竞赛中落后的人都是因为不耐烦，而不是因为智慧不如人！

在工作中往往有一些琐碎而无价值的事，通常是一些不重要的任务或工作，而且报偿低。它消磨你的精力和时间，让你不能处理更为重要且当务之急的工作。琐碎无价值的工作可能是将文件归档、清理办公桌抽屉、日常文书工作或者没有紧迫任务时任何人都可以做的那种工作。

如果你刚刚踏上工作岗位，每天面对这些琐碎而无价值的事，是不是会感到厌烦？尤其是在社会中的人，很有干一番事业的雄心，对这些鸡毛蒜皮的小事往往会不屑一顾。人生一世，谁都不甘平庸，都想成就一番大业，不虚此生。可是这世界上能干事的人不少，成大业的确实不多，究其原因，方方面面，主客观因素都有。比如，要有良好的社会背景，有千载难逢的机遇，也要有智商、有文化、有修养等等。但"耐不得烦"却是一个常常被人忽略的重要因素。

"要能耐得住烦"就是要站得高，看得远，不为眼前的得失而影响大目标，大事业。"耐烦"就是不要急功近利，不因小失大。能耐一次烦，便能耐二次烦，这种本事一变成习惯，将是成就大事业的基础。这种"耐烦"的本事，年轻人尤其要学到，不要说你年轻气盛而"做不到"，那是托词，这里能告诉你的只是：越早学到，越早获益！

至于如何培养"耐烦"的本事，这并无捷径，也没有速成班，更没有补习班可以教，这是个人意志的问题。换句话说，你只要在碰到"很烦"的事时，便告诉自己——要耐烦！然后仔细地、耐心地、不动气地分析该如何做这些事，解决这些问题，那么慢慢的，你便有了"耐烦"的本事。

正能量情绪修习课：战胜浮躁4绝招

心浮气躁是做事的大敌，是成功的绊脚石。心浮气躁的人是不会做好任何事的，因此，克服浮躁心理至为关键。练习以下方法，可以帮助你有效战胜浮躁心理和习惯。

1.立长志，而不是常立志

这点对于防止浮躁心理的滋生和蔓延是十分有利的。立志要扬长避短。根据自己的特点来确立目标，才会有成功的希望，千万不要赶时髦。立志不在于多，而在于"恒"。要防止"常立志而事未成"。

2.重视行为习惯

做事情要先思考，后行动。比如，出门旅行，要先决定目的地与路线；上台演讲，应先准备讲稿。在做事之前，经常问自己这样一些问题："为什么做？怎么做？希望什么结果？"并要具体回答，写在纸上，使目的明确，言行、手段要具体化。做事情要有始有终。不焦躁，不虚浮，踏踏实实做每一件事。一次做不成的事情就一点儿一点儿分开做，积少成多，聚沙成塔，累积到最后即可达到目标。

3.有针对性地"磨炼"自我

可以采取一些措施，有针对性地"磨炼"自己的浮躁心理。比如，练习书法，学习绘画，弹琴，下棋等，有助于培养耐心和韧性。此外，还要学会调控自己的浮躁情绪。比如，做事时可用语言进行自我暗示："不要急，急躁会把事情办坏。""不要这山看着那山高，这样会一事无成。""坚持就是胜利。"只要坚持不断地进行心理上的练习，浮躁的毛病就会慢慢改掉。

4.用榜样教育

身教重于言教。以勤奋努力、脚踏实地工作的良好形象为榜样，改善自己的言行。还可以用如革命前辈、科学家、发明家、劳动模范、文艺作品中的优秀人物以及周围同事的优良品质来对照检查自己，督促自己改掉浮躁的毛病，培养勤奋不息、坚韧不拔的优良品质。

Part11
化脾气为本事，你若精彩天自安排

♥ 斗气不如斗志，生气不如争气

生活中，很多逆境称不上不幸，只有没有能力应付突如其来的厄运才是最大的不幸。面对厄运你怎么愤怒、消沉、自暴自弃都是无济于事的；相反，如果你能化愤怒为力量，那么你就能成就大事，借厄运之机磨炼意志，扭转不利的局面，成为生活的强者。

童第周是我国著名的生物学家。他出生在浙江鄞县一个偏僻的山村里。因为家里穷，他一面帮家里做农活，一面跟父亲念书。

童第周17岁才进中学。他文化基础差，学习很吃力，第一学期期末考试，平均成绩才45分。校长要他退学，经他再三请求，才同意让他跟班试读一个学期。

第二学期，童第周更加发愤学习。每天天没亮，他就悄悄起床，在校园的路灯下面读外语。夜里同学们都睡了，他又到路灯下面去看书。值班老师发现了，关上路灯，叫他进屋睡觉。他趁老师不注意，又溜到厕所外边的路灯下面去学习。经过半年的努力，他终于赶上来了，各科成绩都不错，数学还考了100分。童第周看着成绩单，心想："一定要争气，我并不比别人笨。别人能办到的事，我经过努力，一定也能办到。"

童第周28岁的时候，得到亲友的资助，到比利时去留学，跟一位在欧洲很有名的生物学教授学习，一起学习的还有其他国家的学生。那时旧中国贫穷落后，在世界上没有地位，中国学生在国外被同学瞧不起，他们经常嘲笑这个穷学生，说他是一个笨蛋。童第周很生气，暗暗下了决心，一定要为中国人争气。

那位教授一直在做一项实验，需要把青蛙卵的外膜剥掉。这种手术非常难做，要有熟练的技巧，还要有耐心和细心。教授自己做了几年，没有成功；同学们谁都不敢尝试。童第周不声不响地刻苦钻研，他不怕失败，做了一遍又一遍，终于成功了。教授兴奋地说："童第周真行！"

这件事震动了欧洲的生物学界。童第周说："中国人并不比外国人笨。外国人认为很难办的事，我们中国人经过努力，一定能办到。"

生活中总有烦恼，每天的繁忙周而复始，没有人能够逃避挫折和生气。说到生气，气生得大一点就叫愤怒。有人甚至愤怒到找对方理论，打电话把对方痛骂一顿，找人警告胁迫对方，或者干脆以拳头暴力解决。有些人还会摔东西、捶墙、踢桌子、大吼大叫、暴跳如雷。由此，情绪的平衡完全遭到破坏。

当一个人因生气而情绪激动时，整个交感神经系统都开始运作，造成瞳孔扩大、心跳加快、呼吸急促等不良反应，甚至有人气得咬牙切齿，全身发抖……人们在这种情况下非常容易意气用事，最后害人害己，从而造成无法弥补的遗憾。

因此，光生气是没有用的，关键是我们要争气，把愤怒转化为我们奋斗的力量。当我们的情绪不平衡的时候，应该合理宣泄，疏导心中的怨气，使自己尽快走出阴影，轻松愉快地投入工作。

我们合理地利用愤怒的能量，把它转化为行动，我们就会获得巨大的动力。生气可以是炸弹，也可以是动力，关键看我们如何对待。只要摆正心态，什么样的难题都不会难倒我们。

♡ 咽下怨气，才能争气

时下很多混得不太如意的年轻人，口边常挂的三个字就是："真生气"。

看到别人考上名牌大学而自己名落孙山，他会怨天怨地说："真生气。"

看到别人出国镀金，而自己却求职无门，他会咬牙切齿地说："真生气。"

看到别人升职加薪，而自己却踏步不动，甚至被降职，他会愤愤不平地说："真生气……"

看什么都不顺眼，看什么都生气，结果伤了肝，伤了身，自己的日子越来越糟糕，但是别人的"鸿运"似乎不会因为他的"真生气"而改变：该升官的照样升官，该发财的照样发财。看来，仅仅生气，实在于事无补，于己有害。

人活一口气，与其没完没了地生气，还不如下定决心争一口气。

南京大学的一位毕业生，一心想到美国留学，学习美国的高新技术，以便将来更好地报效国家。

他通过了所有的出国考试，成绩都很优秀，也联系好了去美国的学校，只要给签证就可以出去了。但这位同学其貌不扬，性格又有些内向，每次去签证都被拒签。

当他最后一次去签证被拒签后，他的愤怒终于爆发了，他指着签证官的脸大声喊道："你们美国有什么好，老子还不去了，我在中国照样可以学到高新的技术！"

一向傲慢的美国签证官员被他的愤怒惊呆了，他在中国签证这么多年，还没有一个人敢指着他的脸大声说话。

美国佬也恼怒了，大声喊道："你为什么说我们美国不好？"

那位大学生回答道："一个以貌取人、拒绝人才进入的国家就是不好。"

签证官说道："我今天就给你签证，让你到美国去看一看，美国到底是好是坏。"

人若下决心争一口气，天必佑之。那位大学生正是在傲慢的美国人面前不低声下气，敢争一口气，结果降服了他，顺利地拿到了去美国的签证。

大多数国人，只会生气，不敢争气，甚至连"在中国一样可以学到先进技术"这样充满自信的"争气话"都不敢说。

许多人间奇迹正是由一些受到排挤和打击后发誓"一定要争口气"的人所创造的。

美国劝业银行创立的根源，在于该银行总经理佛勒先生被他人激怒之后，决心争一口气给对方瞧瞧。

当初，佛勒与某大银行的一位经理见面时，偶然说起他想在长岛设立一家银行，若能如愿以偿，将来生意一定会发达，前途未可限量。

但是那位经理怎样回答他呢？他不但对于这个计划不作半点评论，而且露出十分轻蔑的样子说：

"好啊！只要你的命够长，也许有一天，你是可以在这里开一家银行的。"

说着，便起身告辞。

佛勒先生后来告诉别人说："当时我听了他的冷言冷语，不觉燃起万丈怒火，这是什么话！

"'只要你的命够长'，这不是等于说我是一个庸碌无能、怠惰成性、专等机会的人吗？这不是等于讥讽我'这辈子也开不了银行吗'？这样大的一个耻辱，岂是一个堂堂男子汉所能忍受？好，我立刻打定主意，尽快着手开设一家银行给他瞧瞧，而且非使我的银行营业额，超过他的记录不可。

"我真的这样做了，而且不到四年，我们银行的存款数额，果然已经超过他的一倍以上。"

佛勒先生得出一条人生经验："生气不如争气，用努力来发泄胸中怒气。"

当你觉得别人各方面都比你强时，生生气也可以，但不要没完没了地怨天尤人，甚至去损害别人，残害自己。你最应该做的是化生气为争气，化怒火为努力。通过自己的努力和奋斗，去拉小和别人之间的差距，最终超越别人，争一口气，让天看，让地看，更让小瞧过你的人看！

♥ 每天进步一点点

"性相近，习相远"。每一个人生下来是没有什么区别的，而恰恰是后天的学习让他们各有所长，从而走上了不同的岗位，走上了不同的领域。学习之重，是孔圣人一直所强调的。学习是一个人由无知走上智慧的唯一之路，要想成大事业，必须具备相关的知识，否则就是白日做梦。那么知识从何而来呢，孔子说"学而时习之，不亦乐乎？十室之邑，必有忠信如丘者焉，不如丘之好学也"。可见，学习的重要性远远超过了天资等先天条件，勤能补拙，倘若能够早点认识到学习的重要性，那么你就比别人早到终点一步。

好学首先表现为勤奋，懒惰的人天天口头上吵着要学习，但是却懒于付出行动，丝毫收获不到成果。勤奋的学习理念，端正的学习态度是好学之心不可缺少的两大元素。

勤奋的人才有可能成功。当有人问鲁迅先生为什么能在文学上取得如此大的成就时，鲁迅先生说："我没有什么天分，我不过是把别人喝咖啡的时间用来读书、写书罢了"。这就是成功的秘笈。勤奋是大多数平庸的人懒于去做的事情，他们可以找到各种理由来安慰自己，把自己的好学之心扼杀在摇篮中：今天周末，怎么能学习呢，这么好的天气应该去公园中打牌；算了，今天太累了，看书的计划取消吧，改日再看；这书有什么好看的，看了以后也会忘，不如不看，出去玩会……长此以往，你便失去了学习的习惯，好学对于你而言就成了神话。

无论对于个人和集体，学习都是不可少的一个环节。没有好学之心，个人不能进步；没有好学的氛围，集体的发展也停滞不前。建立学习型企业，培养学习型人才已经是当代社会的要求。20世纪70年代名列《财富》杂志世界500强排行榜的大企业，有1/3已经销声匿迹了，这些被淘汰的企业和企业领导者面临的困境或许大不相同，然而他们大都有一项失误，那就是忽略了学习的重要性。

重庆力帆集团董事长尹明善曾表明，学习是个人发展不可缺少的素质和心态，不想学习的人无法存在于我们企业，同样无法生存在我们这个社会中。为了营造出良好的学习氛围，使得企业成员都怀有一颗好学的心，他进行一番改革，设立惩罚机制，督促学习。比如集团在优秀员工中选出800人参加考试，这800名优秀员工同时开考，由总公司命题、请内部专家评卷，前20名由总裁面试后，录取8名。第一名每月工资涨5000元；第二名涨3000元，第三名涨2000元。其余5人，每人每月涨1000元。他认为，学习的过程是重要的，每天能够学一点东西，前进一段距离，那未来的收获是可观的。

一分耕耘，一分收获。好学的心能够让我们每天收获一点点，每天进步一点点，如果天天进步，我们数日以后或许就能达到"不可同日而语"的境界。我们或许不是天才，或许没有天赋，可是勤奋好学同样可以助我们登上成功的高峰。即使是一个天才，倘若不学无术，不求进取，恐怕也难成一果。天才都是从勤奋走来的，好学的心不过是把他天才的一面展示出来。所以说，不管你本质如何，天资聪明或者笨拙，你都需要有好学的心态。好学的心能把矿石锻造成金子，能把任何一个人都培养成一个天才。

♡ 不逼一把不知道自己有多优秀

很多人只知道抱怨现实，遇到不公平的事情时就发一通牢骚和脾气，却从来不想去努力提升自己，结果事情变得越来越糟糕。

销售经理拿着一叠表格，让所有新人去小区做市场调查，请求一个个路人为他们填表。

行色匆匆的路人，谁愿意做这样没有好处的事。出师不利，新人们便嘟着嘴说："别人搞这个都送餐巾纸什么的，我们为什么没有赠品？"

培训经理立马亲自上阵，一个个拉着人家来填表，然后开始教训新人，逼着他们学着一样做，不做的人就可以走了。培训经理告诉大家："其实生活，没有那么安逸，你不努力就不可能得到收获。而且这样一件事做起来并没有你们想的那么难，你们只是还缺了一点决心，只要你们逼自己一下，你们也一样能做到。做到以后，你们才会发现，你不努力，永远不知道，原来你可以如此优秀！"

很快，第一天过后，原本的三十多位新人，第二天只来了十一个，培训经理很淡定地继续带着所有人喊口号——不逼一把你不知道自己有多优秀！

然后培训经理告诉大家："生活有的时候就是这样，你不逼自己努力一下，你永远不知道自己有多大的能力没有发挥，你不努力，你永远不知道自己有多优秀。你不够优秀，你的人生就永远有解决不完的难题。一个人如果自己都不相信自己靠努力可以成功，那么他是绝对不会成功的。有的人抱怨自己没有好的学历，所以只能来做销售。可是他没发现，很多拿着高薪的尖端销售人才都没有高学历。你们一边抱怨自己在一种负面而又没有希望的生活里，可是却又不愿意为自己的生活去努力，那么，你还期待别人对你能抱什么样的期盼呢！"

十一个新人最终只有七个人坚持完成了最后的培训，而只有三个人坚持到了转正期。

留下的三个人，最终一位升职成为经理，拿着不少于三万的月薪。一位也在原公司努力着，虽然没有提升经理，却也是元老级人物，有着非常不错的业绩，一个月薪水均衡下来也在近两万左右。还有一位，去了一家世界五百强公司担任销售经理，因为他的销售能力很强，是被猎头公司高薪挖墙脚过去，刚到公司便享受了公司配车的福利。

而离开的这些人中，其中大部分还混迹在普通业务员的岗位上，每个月都拿着薄薄的薪水。

如果有人要问：为什么当初都在一个起点上，可是最后收获的人生却有这么大的不同，是因为智商嘛？有资料表明：大部分人的智商是相同的，都在90至115之间。很显然不是。是因为努力不够，没有去坚持。

所以说，你如果不满足现状，就请停止抱怨，停止发脾气，去努力做自己该做的事情，坚持不要放弃，一定会有时来运转的时候。遇到困难时多想想，别人能做到的，为什么我们不能呢？所以加油吧，没有经过努力，你永远不知道自己有多优秀！

♥ 有学历，还需要努力

"我是硕士学位，理应坐在那个位子上！"

"我重点大学本科生，凭什么受他这样一个连高中都没毕业的人领导！"

……

在当今的职场中，经常可以听到这样的牢骚，有些学士、硕士，甚至博士、"海归"，深为自己怀中揣的金光闪闪的学位证书惋惜，为自己不被任用到一个重要的位子上而鸣不平。在这些人看来，"学位"与"位子"是成比例的，高学位者理应一进单位就占据一个高位子。

按照这些人的理论，那么，连初中都未读完的李嘉诚就不应该成为"华人首富"，护士出身没有进过正规大学的吴士宏就不应该成为"打工皇后"，大学都没有毕业的比尔·盖茨没有资格做微软总裁。

而事实却恰恰相反，李嘉诚、吴士宏靠自己在实践中锻炼出来的能力，靠自己在工作中杰出的业绩，从最底层冲到了最高位。

深圳市的某机关同时招聘了一位"海归"和一位本科生，工作一段时间后领导让他俩各写一份总结报告。

那位本科生报告书写得有条不紊，思路清晰，语言简洁，还提出一些合理的建议，领导看后大悦。

然而，让领导大跌眼镜的是那位"海归"，简短的小结报告书竟然被他写成了一篇论文。不说内容是否全面，单那长长八页纸就让人吓了一跳，让领导双眼直发蒙！众人也陷入了疑问：他是不是读书读傻了？

其实领导此举的目的是为了考查他们的真正能力，以物色一位办公室秘书。结果这一诱人的位子与那位学历很高的"海归"无缘，而学位较低的本科生成了合适的人选。

学历只是表明你受教育的程度，但不代表你的能力，更不代表你未来的业绩。决定一个人在组织中所处的地位的，不是学历的高低，而是真枪实弹解决难题的能力，是你实实在在的业绩，是你为本单位本部门做出的贡献，是你能为企业创造的效益。在当今这个学历、文凭漫天飞的时代，这几乎成为许多组织和机构的领导者提拔人才的共识。

天津市某四星级酒店2005年年末同时招了两个年轻人。这两个年轻人年龄虽然相仿，但学位却相去甚远：一位是硕士，一位是高中毕业生。但到2007年年初，高中毕业生被任命为前台经理，而那位"硕士"先生早在半年前就被"炒"掉了。

有人觉得很纳闷，便向酒店的总裁请教个中奥秘。总裁说："组织用人有两点：第一，能迅速带来效益；第二，能踏踏实实在岗位上做出成绩。对一个饭店来说，就是看你有没有招揽客源的能力……这要看你的社会交往能力、应变能力、办事能力、统筹安排能力、人际协调能力和外语会话能力。而这些在档案袋里是看不出来的，在学位证书上也是看不出来的。"

英雄所见略同。美国时代华纳公司的董事长和执行主管之一理查德·芝罗也说："仅有聪明是不能把任何人带到理想的职位的。"

学位不等于地位，才华来自实干。

如果你有很高的学历，是一件好事，和比你学历低的人比较起来，你有一个高起点；如果再加上你的努力、你的业绩，那么很容易节节晋升。但是如果躺在学历上睡大觉，认为学历决定一切，不注重锻炼自己的实践能力，不拼搏，无业绩，就不会有任何地位。

♡ 知识增强你的生存底气

人必须学习，学习是一件值得庆幸的事，也是终身的活动。学习如同呼吸一样，是一种终身的活动，它意味着生命的存在。

终身学习是以能力为中心的学习，它有很多优点。获取知识靠能力由于知识爆炸、知识更新速度极快，大学生毕业没两年，其所学知识就过时了一大半。有了获取知识的能力，就能一劳永逸。"授人以鱼，不如授人以渔。"

知识是死的，只有具备运用知识的能力，才能使知识活起来，才能解决实际问题，产生实际效益。知识的获取、运用、创新均靠能力，无论从哪些方面看，能力都比知识更重要。

爱因斯坦说过一句名言"想象比知识更重要"。而懂得如何学习，似乎比想象和知识都更重要。因为重视知识是对的，但是如果只重视知识，则是对知识经济十分浅薄、十分可笑的误解。在知识经济时代，不是看人们知识记忆量的多少，而主要在于是否具有运用知识的能力，是否具有寻找知识、重组知识、创新知识的能力。

大多成功人士似乎都对传统的知识获取方式十分反感，实际上，他们却有一种与众不同的获取知识的能力。

时代正以一种前所未有的速度变化，而且是令人惊叹的加速变化。彼得·圣吉曾经说过这么一句话："未来优势，是有能力比你的竞争对手学习得更快。"可是，学得再快，也没有知识更新快及时代变化快，如此而言，那么适合生存的根本应变之道是什么呢？

应万变的本领是什么？本领千千万万，简单而言，就是以不变应万变，即根本的生存方式乃学习，学习的生存方式乃简易地获取知识的能力。

下面举一个招聘的例子：

一家全球五大会计师事务所之一的外企在北大招生。

　　这家事务所的招聘条件并不要求会计专业出身或者有会计实务经验，而要求有较强的英语能力与计算机能力。公司解释道，这并不是因为他们需要英语与计算机人才，这两项能力出众只是意味着一个人已经具备学习的能力。在经理人员的眼中，英语、计算机熟练运用在很大程度上并非是老师教出来的，而是自己学出来的。要学习这两项基本技巧，必须自身具有很高的学习能力，所以他们把这作为选才的标准。这就说明，企业最看重的不是一个人现在拥有什么，而是他有没有学习能力。因为只有学习能力才是应对高速发展变化的21世纪的根本应变之道！

　　然而学习能力可分为两种：一种是维持旧知识的学习能力；一种是创造新知识的学习能力。前者仅仅简单地继承过去自己已有的知识，而创造性学习最大的特点是面向未来，既能够根据自己的创造需要主动地进行学习，又能够同时进行知识的重组与创新。两种学习能力最本质、最根本的区别便是以继承性学习的积累知识为主要特征，为创新知识做准备，而学习知识，推动发展知识，还要依靠创新知识的能力！

　　在创新能力方面，中国海尔集团的择业观是：善于总结。海尔所要的不是一个有多么丰富经验的人，而是一个善于总结经验的人。善于总结经验的能力，就是学习能力。如果没有学习能力，有再多的经验，也不能转变为智慧。相反，海尔认为一个人一旦有了这种学习技巧及综合的能力，即使现在没有经验，只要做成一件事，就会去总结到底是什么原因造成的，这样的人就会有一套自己的东西，发展的速度会很快。

　　某知名企业老总也曾说过："学历、文凭代表一个人的静态能力，而学习能力才是动态、实用的能力。"无论知识和技能及技术在当代是多么的新，在这个飞速发展的年代里都可能在短短的时间里折旧得干干净净，然而，学习技巧是永远年轻的，它永远不会折旧。

♡ 你的优势就是你的本事

不要抱怨，不要愤愤不平，更不要生气发脾气，不管你目前担任什么样的角色，知道自己的优势对成功很重要。每个人都有他自己尚未发现的内在优势，你也有的！

就像在商场中一样，找出自己的优势，就等于是了解了卖点。究竟自己有什么东西可以端出来，令人心甘情愿付出代价去买呢？这些卖点你自己要心知肚明，否则只是迷迷糊糊地争卖价，有谁理你呀？

做人最无谓的"痛苦"就是对自己不满意。每个人的特点各不相同，没有哪个人可以在所有领域取得成功。因为自己在某一方面不如别人而灰心丧气，不但会自己浪费时间，而且会让自己错过在其他方面展示才华、获取成功的机会。

在美国耶鲁大学的入学典礼上，校长每年都要向全体师生特别介绍一位新生。一次，校长隆重推出的是一位自称会做苹果饼的女同学。大家都感到奇怪：怎么只推荐一个特长是做苹果饼的人呢？最后校长自己揭开了谜底。原来，每年的新生都要填写自己的特长，而几乎所有的同学都选择诸如运动、音乐、绘画等，从来没有人以擅长做苹果饼为卖点。因此，这位同学便脱颖而出。

　　英国大政治家丘吉尔，出生在一个贵族家庭，少年时在校成绩很差。他是个使人感到棘手的少年，并且数学和外语成绩都很差劲。他父亲想让他进入牛津大学或剑桥大学。可是他的成绩无法进入大学，因此不得不去报考英国的第三流学校——英国陆军军官学校。可是他竟然也名落孙山。他在家过了二年补习生活，请过家庭教师，还是考不上。到了第三年才好不容易考取，而且是最后一名。

　　丘吉尔数学虽然不好，可是他在文学方面却创下了伟大业绩，并且获得了诺贝尔奖，对绘画也有天分。虽然他是曾经一个落伍的少年，但也是个多才多艺的人，并且能活用自己的才能成为大政治家。

　　"福勒制刷公司"创办人阿尔弗拉德·福勒出身于贫苦的农民家庭，住在加拿大东南的新斯科舍半岛。福勒似乎不能保住他的工作。事实上，在头两年中，他虽努力维持生计，却失去了3份工作。

　　但是，接着福勒的生活发生了根本性的变化。因为他试图销售刷子。就在那时，福勒受到了激励，从而开始认识到他的最初的3份工作对他都是不适合的。因为他不喜欢那些工作。

　　那些工作并非自然而然地来到他的身边，自然而然地来到他身边的工作是销售。他立刻明白了：他会把销售工作做得很出色，他喜爱这种工作。所以，福勒把他的思想集中于从事销售工作。他成了一个成功的销售员。他在攀登成功的阶梯时，又立下一个目标，那就是创办自己的公司。如果他能经营买卖，这个目标就会十分适合他的个性。

　　阿尔弗拉德·福勒停止了为别人销售刷子。这时他比过去任何时候都更为高兴。他在晚上制造自己的刷子，第二天就出售。销售额开始上升时，他就在一所旧棚屋里租下一块空间，雇用一名助手，为他制造刷子，他本人则集中精力于销售。那个最初失去了3份工作的年轻人取得了什么样的结果呢？福勒制刷公司拥有几千名销售员和数百万美元的年收入！

一份合适你的工作才会让你充分发挥自己的才能，让你创造更大的辉煌，书写更大的成功。

工作没有高低贵贱之分，关键是做适合自己的，哪怕是一份很不起眼的工作，只要能让你发挥天分，你就能成功。如果你失去了一份没干好的工作，这不是败局的来临，而是希望的开始，你有希望开始一份适合自己的工作。

寻找到适合自己的工作，并不是一件很容易的事，有时需要经过好长一番摸爬滚打。正如作家贾平凹说的："要发现自己并不容易，我是花了整整3年时间啊。"所以，成功需要耐心和不间断的探索。达尔文曾对诗歌产生过兴趣，年轻时每天上午背诵几十行诗。不过，他很快发现自己"诗才"平庸，就转向生物学了。马克思也曾想当诗人，当他发觉自己写的诗不怎么样的时候，就转向社会科学研究方面了。

如果你善于设计自己，从事你最擅长的工作，你就会获得成功。发掘自己的优势，让自己更好地为自己服务。

优势并不一定都是某类工作，可能是工作中的某个方面，如做事谨慎、守纪律或者心细，如做人热情、讲威信、懂得包容或者体谅；也可能是自己热爱的某个价值观念，如思考、成就、信仰、公正等。

♡ 打造自己的看家本领

人们常说："一招鲜，吃遍天。"这句话想必永远不会过时。无论你是上九流之人还是下九流之辈，只要你对自己从事的行业有所专长，那么你肯定就是此行业的一代宗师了。

《庄子》一书中，有两个技艺超群的人。一个是厨房伙计，另一个是匠人，厨房伙计即那位宰牛的庖丁，匠人即那位楚国郢人的朋友，叫匠石。二人共同之处，就是技艺超群，简直到了出神入化的境界。

先看庖丁，他为梁惠王宰杀一头牛。他那把刀似有神助，刷刷刷几下，一个庞然大物便肉是肉、骨是骨、皮是皮地解剖得清清爽爽。他解牛时，手触、肩依、脚踏、进刀，就像是和着音乐的节拍在表演。更奇的是，庖丁的刀已用了19年，所宰的牛已经几千头，而那刀仍像刚在磨石上磨过一样锋利。此时你看他提刀而立，悠然自得，又仔细地把刀擦净，收好。那神气，就如同优雅的西班牙斗牛士。

再看匠石，也许是木匠，也许是石匠，也许是木石活儿都做。他的技艺也十分了得。郢人把白灰抹在鼻尖上，让匠人削掉。那白灰薄如蝉翼，匠人挥斧生风，削灰而不伤郢人的鼻子。

有人讲，凡是掌握了一门技艺，无论是做什么的，都可以成名。只要有一技之长，就可以自立。的确如此。过去老人总对年轻人说："纵有家产万贯，不如薄技在身。"这是最平凡、最实在的真理。一个残疾青年学会电脑打字，便办起了小打字社，交活及时，打的质量又高，连一些著名作家也慕名而来，让他打文稿。几个下岗大嫂，都是做饭行家，一合计，总不能老靠一点儿救济金度日，于是办起了"嫂子饺子馆"，卖的饺子薄皮大馅，服务热情，生意很快就兴隆起来。和他们相比，无技之人的确是最苦。别说扬名，自立都很困难。现在的社会竞争激烈，没有真本领，很难在世上立足。

有些人瞧不起技艺，总想做大事。做大事是可以的，比如当总经理、从政做官、做科学家、理论家等等。但一是要真有那份才能，也要有机遇；二是做大事也常常离不开靠技艺做小事打基础。这个基础包括锻炼你的实践能力，锻炼你的意志，以及对基层实际的体察。有时一技在身，也能助你成就大事。

不要小瞧这些技艺：理发、给死者整容、墓表、烹饪、园艺、茶道……只要技艺精深，在当今世界同样大有可为，同样事业辉煌。聂卫平是围棋大师，杨小燕是桥牌皇后，侯宝林是相声泰斗，梅兰芳是京剧巨擘，乔丹是篮球巨星，皮尔·卡丹是时装大腕……许多原被人视为"雕虫小技"的技艺，今天却有了巨大的商业和社会价值，有的甚至变成一种产业。

人生在世，能有一技在身，就起码有了安身吃饭的本钱，如果技艺精湛，就会更有作为。

在生活中，之所以有许多人最终无法实现少年时代的梦想，原因就是他们同时涉足了太多的领域，由此难免会分散精力，这就阻碍了他们的进步，使得他们最终一事无成。他们没有采取一种更明智的做法，集中精力于某一个领域，咬定青山不放松，最终成为该领域所向无敌的行家高手；相反，他们选择了在很多领域成为三脚猫似的人物，四处出击，什么东西都有所涉猎，却又都是浮光掠影，浅尝辄止，最终只懂得一点皮毛。将精力集中于某一个领域，最终成为该领域的行家里手，才是最明智的做法。

也许我们的天资不高，能力有限，但是如果我们把精力全部集中在一个领域，就一定能做出惊人的成就。许多我们景仰的伟人，也不过是专心于一个领域的平常人。

♡ 不要只为薪水而工作

尽管薪水现在已成为了"个人隐私"，但是职场中的每个人心中都有个薪酬排位顺序表。假如不幸自己位居末流，多数人会感到低人一等，甚至忍无可忍愤然辞职。

在他们的眼中，薪水是自己身价的标志，绝不能低于别人。他们的"理想远大"，刚出校门就希望自己成为年薪几十万元的总经理；刚创业，就期待自己能像比尔·盖茨一样富甲一方。他们只知向老板索取高额薪酬，却不知自己能做些什么，更不懂得从小事做起，实实在在地前进。

这些想法无疑是错误的，为此你不妨追查一下身边那些位高薪厚禄的人，看看他们的经历是怎样的。

道尼斯先生来到一家进出口公司工作后，晋升速度之快，让周围所有人都惊诧不已。一天，道尼斯先生的一位知心好友，怀着强烈的好奇心询问他这个事情。

道尼斯先生听后无所谓地耸了耸肩，用非常简短的话答道：

"这个嘛，很简单。当我刚开始去杜兰特先生的公司工作时，我就发现，每天下班后，所有人都回家了，可是，杜兰特先生依然留在办公室内工作，而且一直呆到很晚。另外，我还注意到，这段时间内，杜兰特先生经常寻找一个人帮他把公文包拿来，或是替他做些重要的服务。于是，我下了决心，下班后，我也不回家，呆在办公室内。虽然没有人要求我留下来，但我认为我应该这么做，如果需要，我可以为杜兰特先生提供任何他所需要的帮助。就这样，时间久了，杜兰特先生就养成了有事叫我的习惯，这就是事情的经过。"

道尼斯先生这样做是为了薪水吗？当然不是。事实上，他确实没有获得一点物质上的奖赏，但是由于他的付出，他得到了老板的赏识和一个成功的机会。

一个人若只是专为薪金而工作，把工作当成解决面包问题的一种手段，而缺乏更高远的目光，最终受骗的可能就是你自己。在斤斤计较薪水的同时，失去了宝贵的经验，难得的训练，能力的提高。这一切较之金钱更有价值。

而且相信谁都清楚，在公司提升员工的标准中，员工的能力及其所付出的努力，占很大的比例。没有一个老板不愿意得到一个能干的员工。只要你是一位努力尽职的员工，职位总会有提升的一日。

所以，你永远不要惊异某个薪水微薄的同事，忽然提升到重要位置。若说其中有奇妙，那就是他们在开始工作的时候——得到的与你相同，甚至比你还少的微薄薪水的时候，付出了比你多一倍，甚至几倍的切实的努力，正所谓"不计报酬，报酬更多"。

假如你想成功，对于自己的工作，最起码应该这样想：投入职业界，我是为了生活，更是为了自己的未来而工作。薪金的多与少永远不是我工作的终极目标，对我来说，那只是一个极微小的问题。我所看重的是，我可以因工作获得的大量知识和经验，以及踏进成功者行列的各种机会，这才是有极大价值的报酬。

事实证明，如果你不计报酬、任劳任怨、努力工作，付出远比你获得的报酬更多、更好，那么，你不仅表现了你乐于提供服务的美德，还因此发展了一种不同寻常的技巧和能力，这将使你摆脱任何不利的环境，无往而不胜。

♥ 大本事从做小事开始

有位女大学生，毕业后到一家公司上班，只被安排做一些非常琐碎而单调的工作，比如早上打扫卫生，中午预订盒饭。一段时间后，女大学生便辞职不干了。她认为，她不应该蜷缩"在厨房里"，而应该"上得厅堂"。

可是一屋不扫，何以扫天下？大学生毕业参加工作，不在于大地方、小地方，不在于大企业、小企业，而在于你愿不愿意真正从基层做起，愿不愿意真正从小事做起。一个普通的职员，即使有很好的见解，通常被重用，也要煎熬一段不短的时间，最重要的是努力做到有让别人倾听自己意见的资格和成绩，在别人眼里，你才是举足轻重，不易被人忽视的。因此，从小事做起的工作，年轻时就应努力去做好。

中关村一家公司的人事部经理曾感叹道："每次招聘员工，总碰到这样的情形：本科生与大专生、中专生相比，我们也认为本科生的素质一般比后者高。可是，有的本科生自诩为天之骄子，到了公司就想唱主角，强调待遇。别说挑大梁，真正找件具体工作让他独立完成，却往往拖泥带水，漏洞百出。本事不大，心却不小，还瞧不起别人。大事做不来，安排他做小事，他又觉得委屈，埋怨你埋没了他这个人才，不肯放下架子干。我们招人是来工作、做事的，不成事，光要那大学生的牌子干吗？所以有时候，本科生、大专生、中专生相比之下，大专生、中专生反而更实际、更有用。"

人生真正的伟大在于平凡，真正的崇高在于普通，最平凡、最普通却又最伟大、最崇高的。从普通中显示特殊，从平凡中显示伟大，这才是做人做事之道。

小事，一般人都不愿意做。但成功者与一般人最大的不同，就是他愿意做许多别人不愿意做的事情。一般人都不愿意付出这样的代价，可是成功者愿意，因为他渴望成功。

别人不愿意端茶倒水，你就要更加端出水平；别人不愿意洗涮马桶，你就要更加洗涮得明亮；别人不愿意操练，你就要更加自我操练；别人不愿意做准备，你就要多做准备；别人不愿意付出，你就多付出。只要你每件事都多做一点，每一件别人不愿意做的小事，你都愿意多做一点，你的成功率一定会提高不少。

同事不愿做的事情，你愿意去做；别人不想做的事，你愿意去做。只要你能做别人不愿意做的事情，只要你能做别人不想做的事情，你就可以成功。因此，成功最重要的秘诀，就是去做别人不愿意做的小事。

越是那种埋怨自己工作价值渺小的人，真正给他们一份困难的工作时，他们越是退缩不敢接受。具有十成力量的人，去做仅仅需要一成力量的工作，其中有生命的意义和悠闲的心情。在人生中，这种生命的意义和悠闲的心情对于人格的形成与扩展，有决定性的帮助。

许多白手起家而事业有成的人，在做小学徒或小职员时就能以最高的热忱和耐心去面对上司给予他们的小工作，这是非常普遍的事情。我们不可能用数量来衡量工作的大小，"大在小之中"而不是"小在大之中"。猴子，沐浴过后给它穿上尧的衣服，戴上舜的帽子，而猴子依然是猴子，人们不会称这只猴子为人，所有的成功者都是在小事中寻找出大课题。

❤ 本事无上限，成功无止境

耐克公司曾经拍摄过以体育明星为主角的一辑广告，广告中的著名体育明星，分别化身为"昨天的我"和"今天的我"，两个"我"一边走一边针锋相对地对话。其中最引人注目的，当属两个刘翔之间的对话：

"昨天的刘翔"说："我已经是奥运会冠军、世界纪录保持者，犯不着那么辛苦地训练，我要多休息一下！"

"今天的刘翔"反驳说："我相信这还不是我的全部，我很年轻，我还有很长的路要走，我还能创造新的纪录。你怕辛苦就干脆留在这儿吧，2008年北京，我自己一个人去！"之后"今天的刘翔"继续训练，起跑线上一跃而出，屏幕上打出了一段宣传语："告别，昨天的我！"

没错，告别昨天的辉煌，从零开始做出更大的成绩！想要事业有所突破，你必须先对过去的一切说再见，尤其是那些让你引以为荣的东西。

迈克尔·乔丹在职业生涯三夺总冠军之后，曾经远离篮球18个月，投身于棒球场上。但是心底里对于篮球的喜爱，使他迫不及待地告诉全世界："我回来了。"此时的乔丹身材发福走样、球技变得生疏，身上的号码也由原来的"23号"变为"45号"，更糟糕的是，在乔丹复出后的首个赛季，他所率领的公牛队便惨败在魔术队手下，无缘总决赛。人们对乔丹的批评甚嚣尘上，对他的期望值降到了最低点。不过这样一来，乔丹反而没有了心理包袱。他在失败后信心十足、斗志百倍，因为他有了新的目标：创造曾经的辉煌，做回曾经更好的自己！之后的三年，乔丹率领公牛队再次续写了辉煌，不仅重新证明了自己，还实现了第二个"三连冠"的目标。

自打我们一生下来，就要面对一个竞争的世界。竞争无处不在，要想生存得好、发展得快、爬得更高，你就要多跟别人比较，特别要与那些比你强的高手比。五十年前的百米纪录是10秒，再看看今天鲍威尔的9.78秒，你会发现当时的世界冠军，今天连进入决赛的资格都没有——这就是比较得出的差距，哪怕只有不到0.1秒的区别。正是由于比较，人类才逐渐提高了自己的门槛，实现了"更快"的目标。

经过比较，你会发现自己真的没有想象中那么强，你与那些商界高手、业内霸主的差距也并非只是毫厘之间。这样一来，你满脑子浮躁的想法就会瞬间消失，取而代之的是一种"我要比他更强"的心态，这种进取的心态会激励你做到更好、变得更强、不断追求卓越。

正能量情绪修习课：挖掘潜能实力5秘诀

人的潜能是无限的，但是被挖掘出来的就很少，很大一部分原因是人们习惯了自己的现状，懒得去改变。但是当有外界的刺激不得不做出改变的时候，潜能就被爆发出来了。

"天生我材必有用!"世界上的每个人都是肩负着某种使命而来的。年轻时，我们每人的内心深处似乎都回荡着一种取向，如能成为歌星、影星、球星、政治家、科学家等等。现在要谈的是我们如何才能实现这种取向。

1.发现和肯定自己是基础

处于这样一个竞争激烈的时代，我们应该相信自己并认可自己独一无二的作用，我是最优秀的，这一点不能怀疑，我们要善于发现和肯定自我，发现自己的优势所在，做自己的"伯乐"，然后勇于毛遂自荐，肯定自己也是自信，是对自己的正确评价和积极进取的态度，只有敢于肯定自己才能实现自己的最大价值，这是前提条件。不怕失败，没有人会一帆风顺，前进路上总会有曲折坎坷，这种情况下，我们更需要不断地肯定自己。

2.发掘自己的长处

客观地认识你自己，知道你自己的长处，找到自己的发展方向，走一条自己的路，这对于你未来的发展，你的成功，有着事半功倍的效果。相反，如果你在一个自己不擅长的方面辛苦拼搏，成效可能不会很大，甚至无功而返。

3.自我暗示

所谓自我暗示，就是对自己说你现在想成为什么样的人，就像对自己做关于自己的广告。自我暗示既影响你的意识，又影响你的潜意识，并进一步影响你的态度和行为。如果我们反复进行自我暗示，我们的潜意识就会相信它，它就会成为我们要实现的预期目标，并且会在我们的行为中反映出来。

4.善于尝试

敢于尝试比停留在认识层面上去肯定自己重要得多，这也是发现自己潜能的最好办法，尝试才有机会，认识自我和发展自我的机会。尝试有勇气是第一位的，因为尝试可能会遇到无数的挫折和失败，但更有可能的是成功，是自我价值和潜能的真正实现。不尝试永远不会成功，永远是一穷二白。

5.具有想象力

想象力是腾飞的翅膀，没有想象则世界将一片茫然，也不会有今天的繁华如梦，没有想象人类也不可能征服自然，成为地球村的主人，没有想象就不可能有今天的"信息高速公路"，没有想象……在这样一个需要创新的时代，我们要大胆拥有想象力，说不定就因为你的想象而使世界被改变了，人类实现了飞跃。只有想象才能更好地发挥我们的最大潜能。

成功殿堂的大门，不是随意通行的，每一个进入者都拥有自己精心打造的钥匙。开启成功之门的钥匙，必须由你自己亲自来锻造。锻造的过程，就是释放你的潜能、叫醒你的潜能的过程。